Handbuch für Maler und Lackierer
Auftragsabwicklung

Eberhard Schilling

Handbuch für Maler und Lackierer

Auftragsabwicklung

Deutsche Verlags-Anstalt

Zum Autor
Eberhard Schilling studierte Betriebswirtschaftslehre und unterrichtet an der Schule für Farbe und Gestaltung in Stuttgart, außerdem ist er als Fachautor tätig. Das Buch entstand in Zusammenarbeit mit Martin Wies, Maler- und Lackierermeister sowie Sachverständiger bei der Handwerkskammer Ulm.

Haftungsausschluss
Da Hinweise und Fakten dem Wandel der Gesetzgebung und Rechtssprechung unterliegen, kann für die dargestellten Sachverhalte keine Haftung übernommen werden. Dies gilt in gleicher Weise für die als Download zur Verfügung gestellten Formulare und Musterbriefe.

Der Verlag weist ausdrücklich darauf hin, dass im Text enthaltene externe Links vom Verlag nur bis zum Zeitpunkt der Buchveröffentlichung eingesehen werden konnten. Auf spätere Veränderungen hat der Verlag keinerlei Einfluss. Eine Haftung des Verlags ist daher ausgeschlossen.

MIX
Papier | Fördert gute Waldnutzung
FSC® C014889

Penguin Random House Verlagsgruppe
FSC® N001967

2. Auflage 2023

Umschlaggestaltung: Monika Pitterle, DVA/Büro Klaus Meyer, München
Layout: Die Herstellung, Stuttgart
Satz, Lithographie und Grafik: Boer Verlagsservice, Grafrath
Gesetzt aus der Syntax und Univers
Druck und Bindung: Friedrich Pustet, Regensburg
Printed in Germany
ISBN 978-3-421-04106-7

www.penguinrandomhouse.de

Inhalt

Vorwort

Die effiziente, rechtssichere und kundenorientierte Auftragsabwicklung hat im Bauhandwerk nichts an Aktualität verloren. Der komplexe Prozess der Auftragsabwicklung entscheidet nach wie vor wesentlich über den Erfolg oder Misserfolg nicht nur des einzelnen Auftrags, sondern des ganzen Unternehmens. So konnten Aufbau und Struktur früherer Auflagen des Buches weitgehend unverändert bleiben. Die Fortentwicklung der zugrunde liegenden Normen und Gesetze sowie die sich ständig weiterentwickelnde Rechtsprechung erforderte jedoch eine grundlegende inhaltliche Überarbeitung. Insbesondere die Reform des gesetzlichen Werkvertragsrechts mit seinen speziellen Vorschriften zum BGB-Bauvertrag hatte weitreichende Konsequenzen für die sachliche Darstellung. Es wird nun noch konsequenter als bisher auf die Regelungen des BGB Bezug genommen. Der inhaltliche Schwerpunkt liegt aber nach wie vor auf der Vergabe und Vertragsordnung für Bauleistungen (VOB), da sie vielfach auch einen Hinweis auf die Anforderungen an BGB-Verträge gibt.

Der dem ganzen Buch zugrunde liegende Kundenauftrag wurde hinsichtlich der Löhne und Preise aktualisiert. Gleiches gilt für die übrigen Berechnungen und Tabellen.

Die bisher auf der CD vorliegenden Formulare, Checklisten und Musterbriefe stehen nun als Download zur Verfügung. Sie sollten stets an die betriebsindividuellen Bedürfnisse und Anforderungen angepasst werden.

Mit der neuen Auflage der »Auftragsabwicklung« steht nun allen Unternehmern, Führungskräften, Bauleitern sowie Fach- und Meisterschülern im Bauhandwerk ein Basiswerk für eine erfolgreiche Auftragsabwicklung zur Verfügung.

Stuttgart, im März 2018 Eberhard Schilling

Vorwort der früheren Auflagen

Zwei Faktoren bestimmen heute wesentlich den Erfolg von Maler- und Lackierbetrieben: die Orientierung an den Bedürfnissen der Kunden und die Effizienz bei der Abwicklung handwerklicher Leistungen. Der komplexe Prozess der Auftragsabwicklung wird in diesem Buch vor allem hinsichtlich seiner betriebswirtschaftlichen, organisatorischen und rechtlichen Aspekte analysiert. Die Zielsetzung besteht darin, sowohl zentrale Bereiche und Problemfelder dieses Prozesses darzustellen als auch konkrete Anregungen und Hinweise für seine Optimierung zu geben. Die Ausführungen zum Baurecht sollen dazu beitragen, Streitigkeiten bereits im Vorfeld zu vermeiden. In konkreten Rechtsfragen können sie jedoch eine Beratung durch einen Fachanwalt schon deshalb nicht ersetzen, weil mit der ständigen Fortentwicklung der Rechtsprechung Änderungen in der Rechtsauslegung verbunden sind.
Als Hilfsmittel für eine effizientere Auftragsabwicklung und für eine rechtssichere Kommunikation mit den Auftraggebern werden Checklisten, Formulare und Musterbriefe zur Verfügung gestellt. Diese Mustervorlagen können entweder direkt übernommen oder bei Bedarf an die jeweiligen betrieblichen Erfordernisse angepasst werden.
Neben der gezielten Vertiefung des Fachwissens eignet sich dieses Handbuch auch als Nachschlagewerk bei konkreten Einzelfragen der betrieblichen Praxis. Die Bedeutung für die Weiterbildung – vor allem der Meisterschülerinnen und Meisterschüler – ergibt sich durch die Berücksichtigung wesentlicher Inhalte der fachtheoretischen Ausbildung in den Bereichen Auftragsabwicklung, Betriebsführung und Organisation.

A. Positionierung am Markt

I. Struktur der Auftragsabwicklung

Über den Erfolg oder Misserfolg von Handwerksunternehmen entscheidet meist weniger das handwerkliche Können als vielmehr die Orientierung am Kunden, verbunden mit einer professionellen Auftragsabwicklung. Unter Auftragsabwicklung wird dabei ein umfassender Prozess von der Marktpositionierung bis zur Betreuung der Kunden im Anschluss eines abgeschlossenen Auftrags verstanden, wie das folgende Schaubild verdeutlicht:

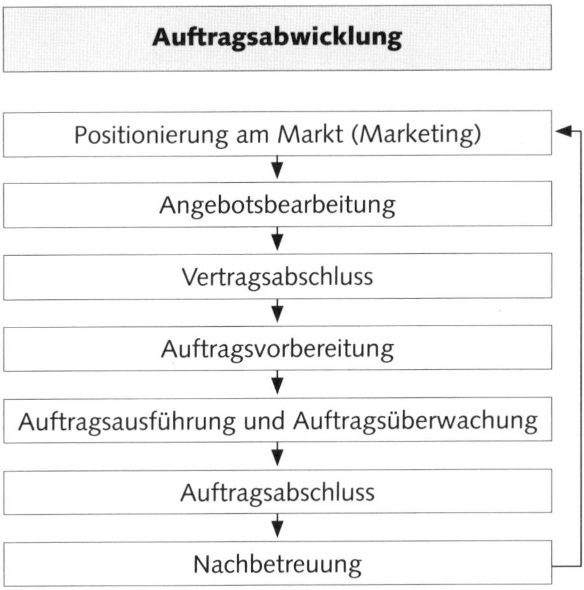

Unter Markt versteht man allgemein das Zusammenspiel der verschiedenen Marktteilnehmer. In diesem Sinne ist jeder Maler- und Lackiererbetrieb sowohl als Nachfrager (Einkäufer) wie als Anbieter (Verkäufer) am Markt präsent. Die Positionierung und das Verhalten eines Unternehmens am Markt haben wesentlichen Einfluss auf die »Qualität« der Aufträge. Entscheidende Kriterien der Marktpositionierung sind die Kunden- und Mitarbeiterorientierung sowie die

Qualität des Marktauftritts und der Auftragsabwicklung. Daraus folgt, dass jedes Element der Auftragsabwicklung auch unter Marketingaspekten gesehen werden muss. Marketing ist also nicht einfach ein Aufgabenbereich innerhalb eines Handwerksbetriebs, der einem bestimmten Funktionsträger zugeordnet werden kann, sondern eine Aufgabe des *gesamten* Unternehmens, von der Leitung bis zu den ausführenden Mitarbeitern.

II. Marketing als Unternehmensaufgabe

1. Kundenorientierung

Marketing bedeutet, alle unternehmerischen Aktivitäten langfristig und systematisch an den Bedürfnissen des Marktes und der Kunden zu orientieren. Der Kunde mit seinen Wünschen und Vorstellungen steht im Mittelpunkt des Geschehens. Denn grundsätzlich gilt: Der Erfolg beim Kunden ist die Voraussetzung für den unternehmerischen Erfolg! Dennoch hat im Handwerk die Bedeutung der Kundenorientierung noch nicht überall den richtigen Stellenwert. Erfolgreichen Unternehmen gelingt es durch Kundenorientierung, neue Kunden zu gewinnen und Stammkunden an das Unternehmen zu binden. Zur Kundenorientierung gehören folgende Aspekte:

- **Kundenkenntnis**

Bei der konsequenten Orientierung am Kunden steht nicht mehr der einzelne Auftrag im Vordergrund, sondern der Aufbau einer langfristigen Geschäftsbeziehung. Das setzt das Interesse am Kunden als Menschen mit all seinen Bedürfnissen, Wünschen und Motiven voraus. Nur dann lassen sich Angebote, Konzepte und individuelle Problemlösungen für jeden Kunden erstellen.

- **Kundenaktivität**

Die Beschäftigung mit dem Kunden muss schließlich in konkrete Kundenaktivitäten münden. Diese sind natürlich davon abhängig, ob es sich um Stammkunden oder um potenzielle Kunden handelt. Als Kundenaktivitäten dienen regelmäßige Kontakte mit den Zielgruppen durch Einzelgespräche, Veranstaltungen, Mailings, Anzeigen oder zielgruppenorientierte Angebote.

- **Kundenfreundlichkeit**

Kundenfreundlichkeit ist die Basis aller Aktivitäten. Sie darf sich nicht allein auf die reinen Marketingmaßnahmen beschränken, sondern muss in allen Phasen der Auftragsabwicklung präsent sein. Es nützt wenig, Kunden nur durch eine perfekte handwerkliche Leistung und einen umfassenden Service zufriedenzustellen. Ohne den freundlichen Auftritt und das wertschätzende Verhalten beim Kunden gelingt es kaum, diesen dauerhaft zu gewinnen.

- **Kundenzufriedenheit**

Kundenzufriedenheit entsteht grundsätzlich dann, wenn die tatsächliche Leistung mit der subjektiven Erwartung des Kunden übereinstimmt. Unter »Leistung« ist in diesem Zusammenhang sowohl die Qualität der erbrachten handwerklichen Leistung als auch der komplette Prozess der Auftragsabwicklung einschließlich der Betreuung des Kunden zu verstehen.
Kundenzufriedenheit ist meist nicht offensichtlich. Sie muss immer wieder ermittelt werden, am besten durch anonyme Fragebögen. In bestimmten Fällen sind auch mündliche oder telefonische Befragungen sinnvoll.[1]

- **Kundenfaszination**

Auch gute Handwerksbetriebe bleiben oft bei der Kundenzufriedenheit stehen. Ihnen reicht es, wenn ein Kunde zufrieden ist, weil seine Probleme gelöst sind. Betriebe, die nicht nur zufriedene, sondern loyale Kunden gewinnen wollen, die nicht um jeden Euro feilschen und sie aktiv weiterempfehlen, müssen ihre Kunden faszinieren und ihnen mehr bieten, als sie erwartet haben. Neben einem wertschätzenden Verhalten während der gesamten Phase der Auftragsabwicklung und besonderen Serviceleistungen (vgl. S. 28) zielt die Kundenfaszination auf die emotionale Erlebniswelt, denn Emotionalität verankert sich dauerhaft in der Erinnerung des Kunden. Wie lässt sich Emotionalität erzeugen?

- Durch Individualität
  Gerade im Malerhandwerk, mit seinen vielen Möglichkeiten der individuellen Oberflächengestaltung, besteht die Chance, Emotionalität und Individualität zu erzeugen. In Verbindung mit einzigartigen Raumkonzepten können kreative Decken-, Wand- und Bodengestaltungen zu ganz besonderen Erlebnissen werden.

---

1 zur Kundenbefragung vgl. S. 167 ff.

- Durch Überraschungseffekte
  Überrascht ist ein Kunde dann, wenn er mehr an „Leistung" erhält, als er erwartet hat. Das kann der unerwartete Zusatzservice sein, der Blumenstrauß oder ein individuelles Präsent zum Einzug.
- Durch besondere Wertschätzung
  Neben der Wertschätzung während des gesamten Prozesses der Auftragsabwicklung sollte jene auch durch bestimmte Aktionen zum Ausdruck kommen, beispielsweise durch eine besondere Aufmerksamkeit bei der persönlichen Rechnungsübergabe oder jährlich wiederkehrende Weihnachts- oder Geburtstagskarten. Für ausgewählte Kunden sind auch Einladungen zu einem Rundflug/Ballonflug, Freikarten für ein Musical oder Fußballspiel, Theaterkarten und Einladungen zu Vernissagen und Ausstellungen denkbar. Eine weitere Form der Wertschätzung kann die Verwendung von Bildern oder Videoclips repräsentativer Kundenobjekte sein.

• **Kundenbeziehung**

Die erworbenen Kundenkenntnisse werden systematisch und dauerhaft genutzt und bilden in Verbindung mit Kundenzufriedenheit und -faszination das Fundament für eine langfristige Kundenbeziehung. Eine erfolgreiche Kundenbeziehung funktioniert jedoch nur, wenn sich die Partner auf Augenhöhe begegnen und nicht nur als Geschäftspartner, sondern auch als Menschen wahrnehmen. Marketingexperten betonen deshalb immer mehr die zwischenmenschlichen Aspekte einer Kundenbeziehung. Gegenseitige Wertschätzung und Vertrauen, verbunden mit einer hohen Fach- und Beratungskompetenz sind die tragenden Säulen für eine langfristige und erfolgreiche Partnerschaft.

• **Kundendatenbank**

Voraussetzung für eine dauerhafte Kundenbeziehung ist heute eine Kundendatenbank, die ständig zu aktualisieren ist und alle relevanten Kunden- und Objektdaten enthalten muss. Informationen über den Kunden selbst und sein soziales Umfeld, über Termine, offene Rechnungen und Reklamationen dürfen ebenso wenig fehlen wie genaue Angaben zu den Objekten und den ausgeführten Leistungen und Beratungen. Je detailliertere und aktuellere Daten vorliegen, umso gezielter können diese bei der Angebotsbearbeitung, für Marketingmaßnahmen oder beim Beratungsgespräch mit dem Kunden genutzt werden. Die Verwaltung dieser Daten wird heute durch geeignete Branchenprogramme unterstützt.

Professioneller als Branchenprogramme sind branchenneutrale Lösungen, sogenannte CRM-Systeme (CRM = Customer-Relationship-Management). CRM ist jedoch nicht einfach eine Software, die dem Unternehmer auf Knopfdruck die gewünschten Daten zur Verfügung stellt, sondern vielmehr ein wichtiges Hilfsmittel für eine strategische Ausrichtung seiner gesamten Marketingaktivitäten.

2. Mitarbeiterorientierung

a) Mitarbeiter/innen als Erfolgsfaktor

Die Mitarbeiter und Mitarbeiterinnen sind das wichtigste Bindeglied zwischen Kunden und Unternehmen. Soll die Kundenorientierung auch vor Ort erfolgreich umgesetzt werden, muss diese für alle gelten. Zwar ist der Unternehmer als Auslöser der Kundenorientierung der Kopf, der die Bewegungen von Rumpf und Gliedern koordiniert und lenkt. Diese müssen jedoch die geplanten Bewegungen auch mitmachen. Nur wenn alle Mitarbeiter/innen eines Betriebes die Kundenorientierung praktizieren und auf die wachsenden Ansprüche der Kunden vorbereitet werden, wird sich der gewünschte Erfolg auch einstellen. Deshalb sind entsprechende Mitarbeiterbesprechungen und Schulungen unabdingbar.

Bei der Erarbeitung eines Schulungskonzeptes ist darauf zu achten, dass alle Bereiche einbezogen werden, die sich auf die Steigerung der Kundenzufriedenheit auswirken. Die Schulung der Mitarbeiter/innen im Umgang mit Kunden und ihren individuellen Ansprüchen ist daher durch die Vermittlung von technischen und kaufmännischen Kompetenzen zu ergänzen. Nur so können auch die Mitarbeiter/innen vor Ort Partner des Kunden werden. Weiterbildungsmaßnahmen müssen nicht zwingend während der Arbeitszeit erfolgen. Mitarbeiter/innen, die sich mit dem Unternehmer identifizieren, sind gerne bereit, auch einen Teil ihrer (unbezahlten) Zeit einzubringen, wenn sich dadurch Perspektiven für sie ergeben.

Will man die Mitarbeiter/innen als Mitunternehmer gewinnen, erfordert dies einerseits klare Zielvereinbarungen und andererseits ein gewisses Maß an betrieblicher Transparenz. Wieso also die Mitarbeiter/innen nicht in bestimmten Zeitabständen über die Umsätze, die Produktivität bzw. die Wertschöpfung informieren und sie so an der »Fieberkurve« des Unternehmens teilhaben lassen? Eine Beteiligung der Mitarbeiter/innen an der Wertschöpfung wird das Interesse an Maßnahmen zur Verbesserung dieser Kennziffer deutlich erhöhen.

Weil erfolgreiches Marketing nur mit motivierten und engagierten Mitarbeitern und Mitarbeiterinnen gelingt, gehören Kunden- und Mitarbeiterbindung unmittelbar zusammen. Am offensichtlichsten wird dies dort, wo Kunden nur ganz bestimmte Mitarbeiter/innen oder Teams bei sich beschäftigt haben wollen. Die Investition in einen bestehenden Mitarbeiterstamm ist für den Unternehmer schließlich auch deshalb so wichtig, weil gute Arbeitskräfte auf dem Markt selten geworden sind und der Fachkräftemangel im Handwerk sicher noch zunehmen wird. Außerdem ist die Suche und Einarbeitung neuer Mitarbeiter/innen mit erheblichen Kosten verbunden.

Zusammenfassend gilt: In kaum einem anderen Handwerksberuf arbeiten die Mitarbeiter/innen so nah beim Kunden wie im Maler- und Lackiererhandwerk. Deren Auftreten und Verhalten vor Ort ist deshalb einer der entscheidenden Erfolgsfaktoren. Dies gilt natürlich in ganz besonderem Maße für den Privatkundenbereich. Jeder Betriebsinhaber und jede Führungskraft muss sich deshalb immer wieder Gedanken über das ihm anvertraute »Kapital« machen und die individuelle Förderung seiner Mitarbeiter/innen zu einem wichtigen Betriebsziel erheben.

b) Mitarbeiterbindung

Weil gute Mitarbeiter und Mitarbeiterinnen der entscheidende Erfolgsfaktor bei der Umsetzung der Kundenorientierung sind, lohnt es sich über die Instrumente der Mitarbeiterbindung nachzudenken. Man unterscheidet dabei zwischen materiellen und immateriellen Faktoren:

Materielle Faktoren

- attraktives und faires Lohnniveau,
- Leistungsboni, Prämien, Tantiemen,
- Firmenfahrzeug,
- zusätzliche Altersvorsorge, z. B. Direktversicherung, Maler- und Lackiererrente,
- Belohnung für gute Leistungen, z. B. durch steuer- und abgabenfreie Tankgutscheine oder Freikarten für Fußballspiele und andere Veranstaltungen.

Immaterielle Faktoren

- eigenverantwortliches Arbeiten,
- flexibles und authentisches Führungsverhalten, das die Eigenheiten der Mitarbeiter berücksichtigt,
- familiäres Betriebsklima und Verständnis bei privaten Schwierigkeiten,
- Anerkennung und Wertschätzung durch Vorgesetzte,
- Maßnahmen zur Teambildung, z B. durch Betriebsfeiern, gemeinsame Unternehmungen und Besprechungen,

- Feedback- und Zielgespräche,
- regelmäßige Weiterbildungen,
- Einbindung in Unternehmensziele,
- Entwicklungschancen im Unternehmen,
- gutes Image des Unternehmens bei Kunden und in der Branche,
- Betriebskleidung,
- Visitenkarten mit den Namen der Mitarbeiter (inklusive Visitenkartenbox),
- Gleitzeitmodelle, Arbeitszeitkonten, Vereinbarkeit von Beruf und Familie,
- effiziente Betriebsorganisation,
- attraktive Aufträge.

Ein abschließender Gedanke zum »eigenverantwortlichen Arbeiten«: Natürlich gibt es auch im Maler- und Lackiererhandwerk Mitarbeiter und Mitarbeiterinnen, bei denen ein Zuviel an Eigenverantwortlichkeit Stress verursacht und die deshalb lieber auf Anweisung hin arbeiten. Allerdings sollten Führungskräfte immer kritisch prüfen, ob sie nicht selbst die wesentliche Ursache für die mangelnde Übernahme von Verantwortung sind. Dazu sollte man sich einfach folgende Fragen stellen:

- Liegt es vielleicht am mangelnden Grundvertrauen der Mitarbeiter bzw. Mitarbeiterinnen gegenüber den Vorgesetzten?
- Wird eine offene, konstruktive Feedback-Kultur gelebt? Oder haben die Mitarbeiter und Mitarbeiterinnen Angst vor Sanktionen bei Fehlern?
- Werden keine klaren Arbeitsaufträge durch die Vorgesetzten erteilt?
- Sind die Mitarbeiter/innen überhaupt ausreichend über die jeweiligen Kunden und Baustellen informiert?
- Sind die innerbetrieblichen Abläufe für alle transparent?

III. Markt- und Unternehmensanalyse

1. Markt- und Umweltanalyse

Jedes Unternehmen ist Teil einer globalen Umwelt, die es kaum beeinflussen kann. Diese stellt sozusagen die Rahmenbedingungen wirtschaftlichen Handelns dar. Erfolgreiche Strategien können nur unter Berücksichtigung dieser äußeren Faktoren entwickelt werden.

Eine einfache Form der Umweltanalyse ist die sogenannte STEP- oder PEST-Analyse. Im Rahmen der STEP-Analyse werden 4 globale Kategorien untersucht, die Auswirkungen auf das einzelne Unternehmen haben können. Die Abkürzung STEP steht für:

S = Soziale Faktoren
T = Technologische Faktoren
E = Ökonomische Faktoren (englisch: economic)
P = Politische Faktoren

Der zweite, engere Bereich der Unternehmensumwelt ist für Handwerksunternehmen der regionale *Markt*. Dieser ist für die meisten Betriebe das Umfeld, in dem sie ihre Kunden bedienen und auf ihre Wettbewerber treffen. Dabei lassen sich durchaus auch zwei oder drei Regionen definieren, wie konzentrische Kreise, die mit unterschiedlicher Intensität und verschiedenen Strategien bearbeitet werden können.
Marktforschung ist die mehr oder weniger systematische Untersuchung eines relevanten Teilmarkts. Als wichtiger Teilaspekt der Marktforschung gibt die *Marktanalyse* Auskunft über ganz bestimmte Tatbestände und Strukturen. Sie ist eine Zeitpunktbetrachtung, die durch ständige Marktbeobachtung und Marktprognosen ergänzt werden muss.
Die Determinanten der Marktanalyse zeigt die folgende Übersicht:

1. Marktpotenzial	2. Marktstruktur	3. Produktbeschaffenheit
• Marktgröße • Marktwachstum	• Wettbewerber • Kunden • Lieferanten	• homogene Produkte • heterogene Produkte

Die Wettbewerbssituation der meisten Handwerksbetriebe wird vor allem durch die *Zahl der Mitbewerber* und die *Homogenität* der Produkte bestimmt. Auch wenn die Zahl der wichtigsten Mitbewerber auf regionalen Märkten meist überschaubar ist, stehen insgesamt gesehen einer größeren Zahl von Anbietern mit jeweils kleinen Marktanteilen viele Nachfrager (Kunden) gegenüber. Dies bedingt einen starken Wettbewerb. Zudem ist in fast allen Branchen die Mehrzahl der Produkte sehr homogen und damit austauschbar. Jeder Malerbetrieb kann Vlies tapezieren und streichen, jeder Stuckateur kann Putze auftragen und beschichten. Homogene Produkte bedingen eine hohe Markttransparenz und führen damit tendenziell zu niedrigeren Renditen. Die Wettbewerbssituation wird noch dadurch verschärft, dass Positionsverbesserungen eines Wettbewerbers unmittelbare Auswirkungen auf die anderen Marktteilnehmer haben und so Gegenreaktionen hervorrufen können.

2. Unternehmensanalyse

a) Stärken-Schwächen-Analyse

Die *Stärken-Schwächen-Analyse* ist ein klassisches Instrument, um die eigenen Potenziale und Ressourcen festzustellen. In einem ersten Schritt werden die unternehmensspezifischen Erfolgsfaktoren ermittelt. Dabei ist es hilfreich, die einzelnen Erfolgsfaktoren bestimmten Kategorien zuzuordnen, beispielsweise den Bereichen Führung, Organisation, Leistungsprogramm und Außenwirkung. In einem zweiten Schritt wird nun das eigene Unternehmen hinsichtlich dieser Erfolgsfaktoren bewertet. Als Bewertungsskala haben sich die klassischen Schulnoten bewährt, wobei auch andere Kriterien wie beispielsweise niedrig, mittel, hoch und sehr hoch zur Anwendung kommen können.
Die besten Ergebnisse einer Befragung sind zu erwarten, wenn neben den Führungskräften auch Mitarbeiter/innen und Kunden einbezogen werden, weil

- Mitarbeiter und Mitarbeiterinnen in bestimmten Bereichen ein besseres Gespür dafür haben, wie das Unternehmen einzuordnen ist bzw. wie es nach außen wirkt, und
- für die Beurteilung der Außenwirkung und des Leistungsangebots das ehrliche Kundenurteil am zuverlässigsten ist.

Wichtig ist, dass die Befragung anonym erfolgt und sich möglichst viele Mitarbeiter/innen und eine repräsentative Anzahl an Kunden beteiligen. Bei der Auswertung der Analyseergebnisse können die einzelnen Erfolgsfaktoren noch gewichtet werden, da nicht alle die gleiche Bedeutung haben. Wenn die Mitarbeiter/innen für diese Befragung gewonnen werden sollen, muss von vornherein klar sein, dass das Ergebnis mit ihnen auch besprochen wird und Konsequenzen hat. Vor allem wird es bei der Besprechung darauf ankommen, möglichst viele Informationen zu gewinnen, um die Ergebnisse richtig bewerten zu können. Gleichzeitig sollen die Mitarbeiter/innen auch an Lösungsvorschlägen zur Verbesserung mitwirken, weil nur dann ein hohes Maß an Motivation bei der späteren Umsetzung erwartet werden kann. Erst durch die Beteiligung an diesem Prozess, können ein neues Denken initiiert und die nicht abgerufenen Potenziale freigesetzt werden.

Für die Auswertung ist der Durchschnitt der einzelnen Erfolgsfaktoren zu ermitteln und in die entsprechende Tabelle einzutragen, wie folgendes Beispiel für den Bereich »Führung und Personal« zeigt:

Fragebogen zum Unternehmen **Führung und Personal**	(1) sehr gut	(2) gut	(3) weniger gut	(4) ausreichend	(5) schlecht	(6) sehr schlecht
1. Firmenphilosophie klar und transparent			●			
2. Umgang zwischen Chef und Mitarbeiter		●				
3. Umgang der Mitarbeiter untereinander	●					
4. Persönliche Zufriedenheit der Mitarbeiter		●				
5. Fortbildungsmöglichkeiten der Mitarbeiter			●			
6. Fachliche Qualifikation der Mitarbeiter	●					
7. Eigenverantwortlichkeit der Mitarbeiter			●			
8. Aufstiegsmöglichkeiten der Mitarbeiter					●	

Ein entsprechender Fragebogen zur Stärken-Schwächen-Analyse mit fünf Kategorien steht als **Download** zur Verfügung.

b) Wettbewerbsanalyse

Die Wettbewerbsanalyse hat die Aufgabe, umfassende Informationen über die Wettbewerber zu sammeln und zu analysieren. Aus den Ergebnissen lassen sich die Stärken und Schwächen der Mitbewerber erkennen und künftige Verhaltensweisen der Konkurrenten besser prognostizieren. Die ermittelten Schwächen der Konkurrenz bieten dann Chancen für das eigene Unternehmen, während die Stärken als Anreiz für Verbesserungen genutzt werden können. Die Ergebnisse solcher Analysen sind dann beispielsweise die Konzentration auf Marktnischen, die Erarbeitung von Strategien für bestimmte Zielgruppen oder die Erschließung ganz neuer Kundensegmente.

Gesicherte Daten für die Wettbewerbsanalyse sind nicht immer leicht zu gewinnen. In vielen Fällen wird man auf Beobachtungen und auf Informationen Dritter angewiesen sein. Hilfsmittel der Datengewinnung sind:

- Beobachten des Umfeldes und der werblichen Aktivitäten,
- Messen und Tagungen,
- Auswertung der (regionalen) Presse,

- Persönliche Kontakte z. B. in Verbänden,
- Gespräche mit Mitarbeiter/innen, Kunden, Lieferanten,
- Beobachten der Verkaufsräume oder der Baustellen,
- Wirtschaftsauskünfte,
- Internet.

Bei der Wettbewerbsanalyse – auch als Konkurrenzanalyse bezeichnet – konzentriert man sich am besten auf die wichtigsten drei bis fünf regionalen Mitbewerber. Mithilfe einer als **Download** zur Verfügung gestellten Excel-Datei kann der eigene Betrieb mit entsprechenden Wettbewerbern verglichen werden. Die Auswertung der 26 Einzelaspekte lässt sich auch grafisch darstellen.

c) Kundenstrukturanalyse

Typisch für Handwerksunternehmen ist die große Nähe zu ihren Kunden. Dies gilt in besonderem Maße für Malerbetriebe. Vielen Unternehmern sind ihre Stammkunden persönlich bekannt. Sie verbindet oft eine langjährige, vertrauensvolle Partnerschaft. Mithilfe der *Kundenstrukturanalyse* lassen sich einzelne Kunden zu weitgehend homogenen Kundengruppen zusammenfassen (*Marktsegmentierung*). Zur Kundenanalyse gehört daher die Differenzierung der Kunden nach ihrer Bedeutung für das Unternehmen. Man kann nicht alle Kunden gleich intensiv betreuen. Die Konzentration auf bestimmte Kundengruppen (Zielgruppen) und deren Wünsche erlaubt es, die Ressourcen und Energien zielgerichtet einzusetzen. Häufig wird noch viel zu viel Zeit und Geld in die »falschen« Kunden und Kundengruppen investiert.

Die klassische Kundenanalyse basiert auf der ABC-Analyse, bei der die Kunden nach bestimmten Kriterien klassifiziert werden. Die einfachste Form besteht in einer Einteilung nach der Umsatzhöhe und dem Gewinnanteil der jeweiligen Gruppe für die letzten Jahre.

Kundenstruktur	**Zahl der Kunden**	**in %**	**Umsatz (5 Jahre)**	**Umsatzanteil in %**	**Gewinn in %**
A-Kunden (Umsatz > 20.000 €)	80	10,00	2.000.000 €	50,00	25,00
B-Kunden (Umsatz = 2.000–20.000 €)	270	33,75	1.400.000 €	35,00	60,00
C-Kunden (Umsatz < 2.000 €)	450	56,25	600.000 €	15,00	15,00
Summen	800	100,00	4.000.000 €	100,00	100,00

Mit einer Kategorisierung nach dem Umsatz lässt sich nur ein erster Eindruck oder Überblick der Kundenstruktur gewinnen. Sie sollte deshalb durch eine differenzierte *Zielgruppenanalyse* ergänzt werden, die mindestens für die beiden letzten Geschäftsjahre zu erstellen ist und wie folgt aussehen könnte:

Kundenstruktur	Zahl der Aufträge	in %	Jahresumsatz (insgesamt)	in %	Gewinn (nachkalkuliert)	Gewinn in %	Umsatz-rendite in %	Gewinn je Auftrag
Privatkunden (klassisch)	200	66,67	360.000 €	40,00	19.000,00 €	33,33	5,3	95,00 €
Privatkunden (hochwertig)	40	13,33	150.000 €	16,67	17.300,00 €	30,35	11,5	432,50 €
Gewerbekunden (Handel/Industrie)	36	12,00	255.000 €	28,33	17.100,00 €	30,00	6,7	475,00 €
Bauträger und Architekten	15	5,00	90.000 €	10,00	2.700,00 €	4,74	3,0	180,00 €
Öffentliche Auftraggeber	9	3,00	45.000 €	5,00	900,00 €	1,58	2,0	100,00 €
Summen/Durch-schnitt	300	100,00	900.000 €	100,00	57.000,00 €	100,00	6,3	190,00 €

Aus diesen einfachen Analysen können bereits wichtige Erkenntnisse gewonnen werden. So wird deutlich, dass die höchste Rendite bei den B-Kunden im gehobenen Privatkundenbereich bzw. bei gewerblichen Kunden erzielt wird. Eine Konzentration der Ressourcen auf dieses Segment verspricht deshalb den höchsten Ertragszuwachs.

Der erzielte Gewinn je Kundenauftrag gibt einen Hinweis auf die *Betreuungsintensität* des entsprechenden Kundensegments. Im klassischen Privatkundengeschäft wird nur ein durchschnittlicher Gewinn von knapp 100 € pro Auftrag erzielt. Damit ist in dieser Kundengruppe der Betreuungsaufwand am höchsten, was vor allem für Kleinaufträge bis zu einem Wert von 1000 € zutreffen dürfte. Eine zeitliche Entlastung des Unternehmers bei steigenden Erträgen wird bei dieser Auftragsstruktur nur durch die Konzentration auf die beiden Zielgruppen mit dem höchsten Gewinn je Auftrag bei gleichzeitiger Reduzierung der Kleinaufträge möglich sein.

Wer auf die Ergebnisse einer Deckungsbeitragsrechnung zurückgreifen kann, sollte ergänzend zum erzielten Gewinn auch die erwirtschafteten Deckungsbeiträge in die Analyse einbeziehen.

Ergibt sich durch die Kundenanalyse, dass bestimmte Gruppen besonders wichtig für ein Unternehmen sind, müssen entsprechende Marketingkonzepte für die jeweiligen Zielgruppen entwickelt und umgesetzt werden. Für viele Betriebe wird es sinnvoll sein, sich zunächst auf die Bearbeitung von zwei bis drei Kundengruppen bzw. Geschäftsfeldern zu konzentrieren und erst in einer späteren Phase weitere ins Auge zu fassen. Zielgruppenorientiertes Denken heißt ja nicht, dass man Aufträge aus anderen Segmenten nicht annimmt. Bei der Konzentration auf Zielgruppen geht es vielmehr darum, durch den bewussten Einsatz der Marketingaktivitäten die Kundenstruktur so zu steuern, dass die Unternehmensziele erreicht werden können.

3. SWOT-Analyse

Die SWOT-Analyse ist ein wichtiges Managementinstrument zur Vorbereitung strategischer Entscheidungen. Mithilfe der SWOT-Analyse werden unternehmensinterne Stärken und Schwächen mit externen Chancen und Risiken aus der Markt- und Umweltanalyse in Beziehung gesetzt, wie die folgende Abbildung zeigt.

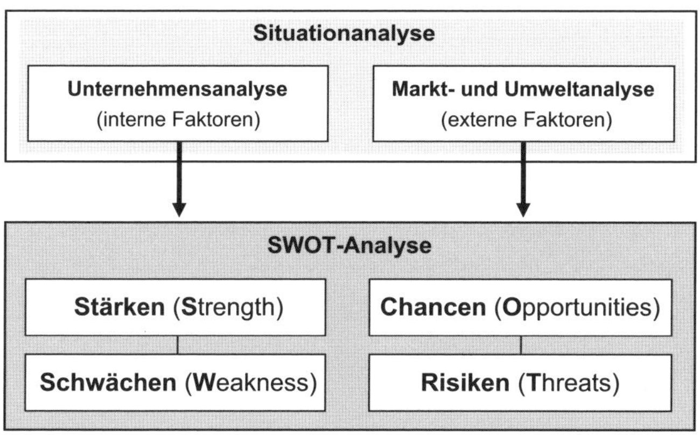

Stärken und Schwächen

Stärken sind alle Faktoren, die zu einer starken Wettbewerbsposition verhelfen. Es geht hier also um die Frage, welche *Kernkompetenzen* das Unternehmen hat und in welchen Bereichen ein Vorsprung gegenüber anderen Wettbewerbern besteht. Bei den Schwächen dagegen handelt es sich um Faktoren, die den Aufbau von Wettbewerbsvorteilen verhindern. Sie zeigen, in welchen Bereichen noch Entwicklungsbedarf besteht bzw. was andere Unternehmen besser machen als das eigene. Stärken und Schwächen werden primär aus der *Unternehmensanalyse* gewonnen.

Chancen und Risiken

Chancen und Risiken ergeben sich vor allem aus der *Markt- und Umweltanalyse*. Neben den globalen Veränderungen sind vor allem die Risiken des regionalen Marktes zu beachten. Ist die Frage der Unternehmensnachfolge mittelfristig ungelöst, muss auch dieses Risiko berücksichtigt werden. Als Chancen gelten vor allem diejenigen Faktoren, die für Wettbewerbsvorteile genutzt werden können wie beispielsweise Trends, Änderungen im Konsumverhalten der Kunden oder Verbesserungen der politischen und ökonomischen Rahmenbedingungen (z. B. Niedrigzinspolitik der EZB).

Auf der Basis der identifizierten unternehmerischen Stärken und Schwächen und der aus der externen Analyse gewonnen Chancen und Risiken können nun entsprechende Strategien abgeleitet werden. In der klassischen *SWOT-Analyse* wird jedem der vier Felder der SWOT-Matrix eine bestimmte Normstrategie zugeordnet. Die Grundidee besteht darin, Schwächen und Risiken weitgehend zu reduzieren und Stärken und Chancen optimal zu nutzen. Das höchste Erfolgspotenzial besteht dann, wenn interne Stärken auf externe Chancen treffen. Andererseits sind die Risiken dann besonders hoch, wenn sie auf unternehmensinterne Schwächen treffen.
Das folgende Schaubild zeigt die vier Normstrategien der SWOT-Matrix und gibt ein entsprechendes Beispiel zur Umsetzung:

	Chancen (Opportunities)	**Risiken** (Threats)
Stärken (Strength)	**SO-Strategien** Eigene Stärken einsetzen, um Chancen zu nutzen (Beispiel: Nutzung von Trends unter Einsatz qualifizierten Personals.)	**ST-Strategien** Eigene Stärken einsetzen, um Risiken zu reduzieren (Beispiel: Stammkundenbindung bestimmter Zielgruppen intensivieren, um unabhängiger vom Preiswettbewerb zu werden.)
Schwächen (Weakness)	**WO-Strategien** Eigene Schwächen reduzieren, um Marktchancen zu nutzen (Beispiel: Internetauftritt professionalisieren, um neue Zielgruppen anzusprechen.)	**WT-Strategien** Eigene Schwächen reduzieren, um Risiken abzubauen (Beispiel: Mehr Entscheidungskompetenz für Mitarbeiter, um Belastungen des Unternehmers zu verringern.)

In der Industrie wird die SWOT-Analyse vorwiegend für die Strategieentwicklung einzelner Geschäftsfelder eingesetzt. Im Handwerksbetrieb eignet sie sich jedoch aufgrund der geringen Betriebsgröße auch für Strategien, die das gesamte Unternehmen betreffen.

Für die Entwicklung von Strategien können nicht alle Stärken und Schwächen bzw. Chancen und Risiken berücksichtigt werden. Es ist sinnvoll, sich auf die Chancen zu konzentrieren, die das Unternehmen auch nutzen kann, und die Schwächen und Risiken zu minimieren, die sich auch reduzieren lassen (weitere Beispiele zur Umsetzung vgl. Schilling, E.: Controlling für Handwerksunternehmen, S. 114 ff.)

IV. Marktauftritt und Verkauf

1. Marktauftritt

Eine unverwechselbare *Corporate Identity* (CI) ist eine wichtige Voraussetzung, wenn ein Unternehmen am Markt langfristig Erfolg haben will. Zur CI gehören neben der Unternehmensphilosophie drei weitere Elemente: das einheitliche Erscheinungsbild, die Kommunikation mit der Außenwelt und das Auftreten der Mitarbeiter/innen.

Das *Logo* ist ein entscheidendes Element eines professionellen Marktauftritts und die erste Chance, sich von Mitbewerbern zu unterscheiden. Wichtig ist dabei das Gesamtwerk aus Schrift, Formen, Farben und Bildern bzw. Signets. Es sollte auf jeden Fall klar und einprägsam sein und eine gute Nah- und Fernwirkung entfalten. Auf allen Informationsträgern (Firmenfahrzeug, Briefpapier, Rechnungen, Briefhüllen, Infomappen, Baustellenschild, Gebäude, Anzeigen, Arbeitskleidung, usw.) muss das Logo seine Identität behalten.

Die größte Bedeutung bei der Präsentation des Unternehmens und seiner Leistungen hat heute das *Internet*. Ein professionell gestalteter Internetauftritt ist im digitalen Zeitalter ein Muss. Oft ist die Internetseite der erste Kontakt mit dem Unternehmen und bekanntlich gibt es für den ersten Eindruck keine zweite Chance. Außerdem steht sie 24 Stunden am Tag als Verkaufshilfe zur Verfügung und macht keinen Urlaub. Die größte Herausforderung ist dabei meist nicht die Erstellung eines modernen und ansprechenden Internetauftritts, sondern dessen ständige Aktualisierung. Experten raten zudem, alle vier bis fünf Jahre die Webseiten komplett zu überarbeiten und an die neuen technischen Möglichkeiten anzupassen. Ebenso wie ein gelungener Internetauftritt ist die Präsenz in sozialen Netzwerken heute unverzichtbar. Nicht nur Kunden, auch Partnerunternehmen, aktuelle und potenzielle Mitarbeiter/innen bewegen sich in sozialen Medien.

Präsentationsmappen (Referenzmappen) sind auch heute noch ein geeignetes Hilfsmittel, um die eigenen Leistungen darzustellen. Präsentationsmappen mit tollen Bildern von Referenzobjekten und kurzen Hinweisen zu den gezeigten Oberflächen wecken die Neugier beim Kunden und sagen oft mehr als tausend Worte. Je nach Zielgruppe und Verwendung können Hochglanzbroschüren oder auch nur kleine Mappen oder Faltblätter zum Einsatz kommen.
Neben Präsentationsmappen und Firmenprospekten gibt es zahlreiche Möglichkeiten der Öffentlichkeitsarbeit, z. B. durch Werbung in Anzeigen, auf Plakaten, an Verkehrsmitteln, beim Sport, in Telefonbüchern oder an Fassaden. Diese indirekte Werbung ist aber hinsichtlich des Erfolgs immer kritisch zu hinterfragen.

Und schließlich hat sich sowohl zur Kontaktaufnahme mit potenziellen Kunden als auch zur Kundenpflege in vielen Betrieben der sogenannte *Tag der offenen Tür* bewährt. Zu diesem Tag kann gezielt eingeladen werden, um das Unternehmen und seine Leistungen zu präsentieren und beim zwanglosen Gespräch neue Kontakte zu knüpfen bzw. alte zu vertiefen. Voraussetzung für das Gelingen ist aber stets die intensive Vorbereitung für diesen Tag. Dazu gehören eine klare Zielsetzung und ein Veranstaltungsmotto, das zum Unternehmen und zur angesprochenen Zielgruppe passt.

2. Verkauf

a) Grundlegende Aspekte

Verkaufen heißt heute, bereits in einer frühen Phase des Kundenkontaktes den Bedarf an einer handwerklichen Leistung wecken und gemeinsam mit dem Kunden Konzepte und Systemlösungen erarbeiten. Dabei sind einige grundlegende Aspekte zu beachten, die in Schulungen und Seminaren angewandt und vertieft werden können:

Allgemeine Aspekte

- Halten Sie den vereinbarten Besprechungstermin unbedingt ein.
- Achten Sie auf eine dem Kunden und der Situation angemessene Kleidung.
- Vergessen Sie nicht: Auch Firmenwagen sind ein Aushängeschild des Unternehmens.
- Nehmen Sie den Kunden in seinen Fragen und Problemen ernst.
- Machen Sie nicht den Fehler, im Dreiergespräch nur mit einem der Gegenüber zu kommunizieren.
- Behandeln Sie den Kunden wie einen Partner und nicht von oben herab.
- Seien Sie kein Besserwisser, sondern ein kompetenter Berater.
- Vermeiden Sie Konflikte und Streitgespräche.
- Achten Sie auf die Körpersprache des Kunden.
- Berühren Sie niemals den Kunden.
- Denken Sie daran: Wer fragt, der führt! Durch Fragen wird der Kunde in das Verkaufsgespräch eingebunden, am besten durch offene Fragen.
- Machen Sie sich ausführliche Notizen, insbesondere zu den Kundenwünschen, um im Angebot nichts zu vergessen.
- Halten Sie Ihre Visitenkarte bereit.

Sachliche Aspekte

- Versprechen Sie niemals mehr, als Sie halten können.
- Beraten Sie den Kunden umfassend.
- Finden Sie die besonderen Bedürfnisse des Kunden heraus.
- Erarbeiten Sie gemeinsam Lösungsvorschläge.
- Verwenden Sie Schlüsselwörter und Formulierungen, die der Kunde selbst gebraucht.
- Zeigen Sie Muster, die der Kunde anfassen kann.
- Reden Sie über technische Sachverhalte in anschaulichen Bildern. Verwenden Sie dabei möglichst Bilder aus der Lebenswirklichkeit des Kunden.
- Wappnen Sie sich für möglich Einwände – insbesondere zum Preis. Legen Sie sich schon vorher Argumente zurecht. Um Zeit zu gewinnen, können Sie auch mit einer Gegenfrage antworten (z. B. »Mit welchem Preis haben Sie gerechnet?«).
- Geben Sie keine allgemeinen Preisnachlässe, sondern »Sonderkonditionen« speziell für diesen konkreten Auftrag.
- Und schließlich: Verkaufen Sie Nutzen!

Gerade Letzteres wird oft propagiert aber immer noch zu wenig praktiziert, denn es ist nicht einfach, sich in die Gedanken- und Vorstellungswelt seines

Gegenübers hineinzuversetzen. Erfolgreiche Verkäufer zeichnet aber gerade die Fähigkeit aus, die eigene Fachwelt zu verlassen, und in die jeweilige Kundenwelt einzutauchen.

In der Marketingliteratur wird häufig zwischen *Basisnutzen* und *Zusatznutzen* unterschieden:
Unter **Basisnutzen** versteht man den Nutzen, der die Kundenerwartung funktional erfüllt. Dies kann ein allgemein, objektiv messbarer Nutzen sein oder auch ein individueller, subjektiver. So erfüllt ein Anstrich mit weißer Dispersionsfarbe die Erwartung des Kunden, dass die Wand wieder einheitlich weiß ist. Dass auch seine Bilder besser zur Geltung kommen, ist mehr eine individuelle Erwartung.
Als **Zusatznutzen** sollen hier alle Nutzenaspekte bezeichnet werden, die über diese rein funktionale oder individuelle Nutzenkategorie hinausgehen. Das kann ein besonderes Maß an Flexibilität (z. B. Wochenendarbeit in einer Fabrikhalle) oder die Kooperation mit anderen Handwerkern und deren Koordination sein. Gerade darin liegt ein erhebliches Potenzial, um sich von Mitbewerbern abzuheben.
Weitere Serviceleistungen sind z. B. Farbberatungen, besondere Entwürfe und Muster, Energieeinsparberechnungen, Finanzierungsberatungen und Finanzierungshilfen, Übernahme von bzw. Begleitung bei Behördengängen und Hilfen bei Ausschreibungen. Dass viele Serviceleistungen nicht ohne Kostenerstattung erfolgen können, schmälert den angebotenen Zusatznutzen nicht. Wichtig ist dem (privaten) Kunden vor allem, dass der Unternehmer diesen Nutzen überhaupt anbietet.

Zusatznutzen lässt sich gerade in Verbindung mit hochwertigen Techniken gut verkaufen. Bestimmte Marken (z. B. Autos, Möbel und andere Einrichtungsgegenstände) gelten als Prestige- und Demonstrationsobjekte. Wieso soll das nicht auch für gestalterisch hochwertige oder technisch anspruchsvolle Oberflächen gelten? Ein Zusatznutzen ist beispielsweise auch dann gegeben, wenn es gelingt, durch gestalterische Akzente ein individuelles »Wohlfühlambiente« zu schaffen.

Der Verkauf von »Emotionalität« gelingt dort besonders gut, wo man dem Kunden etwas von dieser Atmosphäre vermitteln kann. Das wird in den meisten Fällen nur durch einen geeigneten *Beratungs- bzw. Ausstellungsraum* möglich sein. Dies setzt allerdings voraus, dass der Kunde selbst zum Handwerker kommt. Dann genügt es aber nicht, nur den Beratungsbereich professionell aus-

zustatten. Auch das Firmengebäude, das Büro, der Hof und die Werkstatt sowie die Fahrzeuge und nicht zuletzt die Mitarbeiter/innen müssen den Ansprüchen des Kunden entsprechen und Vertrauen erwecken.
Ein Präsentationsraum sollte heute nicht nur dazu dienen, den Kunden mittels Musterplatten, Materialien und besonderen Gestaltungen auf Decken und Wänden kompetent zu beraten. Durch weitere Effekte wie Musik, Beleuchtung und kurze Videosequenzen über repräsentative Räume oder die Ausführung konkreter Oberflächen lässt sich zudem ein besonders Raumerlebnis vermitteln und Neugierde wecken.

Für die Erstellung von Angeboten und die Vorbereitung auf das Verkaufsgespräch sind noch einige Hinweise aus der Verkaufspsychologie hilfreich. Danach gibt es drei große Irrtümer:

1. **Alle Kunden handeln rational.**
   Selten handeln Menschen nur rational – auch Männer nicht. Das nicht immer steuerbare Unterbewusste spielt gerade beim Kauf eine große Rolle.
2. **Beim Kunden zählt nur der Preis.**
   Da jedes Produkt bzw. jede Leistung einen individuellen Nutzen hat, hängt der sogenannte Wohlfühlpreis wesentlich von den unbewussten Wünschen, Werten und Vorstellungen des Kunden ab.
3. **Der Kunde weiß genau, was er will.**
   In Wirklichkeit haben Kunden oft nur vage Vorstellungen und wollen im Beratungsgespräch hören, was sie brauchen und was für sie die passende Lösung ist. Je komplexer, variantenreicher oder individueller Produkte oder Konzepte sind, umso größere Chancen bieten sich dem Verkäufer, den Kunden von höherwertigen Ausführungen zu überzeugen.

b) Abschlussphase

Die mangelnde Konsequenz beim Vertragsabschluss ist eine der entscheidenden Ursachen für das oft beklagte Missverhältnis zwischen der Zahl der abgegebenen Angebote und den tatsächlichen Kundenaufträgen. Bei jedem Beratungs- und Verkaufsgespräch sind irgendwann alle notwendigen Informationen ausgetauscht, sodass gezielt auf einen Abschluss hingearbeitet werden muss. Die *Abschlussphase* ist für viele Verkäufer die schwierigste Phase überhaupt, weil hier auch mit einem Nein des Kunden gerechnet werden muss. Gute Verkäufer zeichnen sich jedoch gerade dadurch aus, dass sie ein Gespür für die Kaufbereitschaft des Kunden entwickeln und im richtigen Moment das Gespräch auf die Entscheidung zusteuern. Wichtig ist in dieser Phase, dass nicht nur auf die verbalen Kaufsignale des Kunden geachtet wird, sondern auch auf die nonverbalen, z.B. wenn er immer wieder bestimmte Oberflächen anfasst.

Es hat sich bewährt, in der Abschlussphase noch einmal die wichtigsten Nutzenargumente und Bestätigungen des Kunden zu wiederholen. Gemeinsam erarbeitete Wünsche, Teilentscheidungen und Absprachen können jetzt als Verkaufshilfen eingesetzt werden. Manche Verkäufer ziehen zusätzlich einen Joker (z.B. Ratenzahlung, besondere Serviceleistung), um die letzten Zweifel des Kunden zu beseitigen.

Und noch ein Tipp: Bestimmte Kunden brauchen Erfolgserlebnisse beim Kauf, indem sie Nachlässe in Form von Rabatten (besser Sonderkonditionen) oder Skonti aushandeln. Sie sollten diese aber möglichst nicht ohne Gegenleistung gewähren, weil der Kunde sonst das Gefühl hat, er hätte noch mehr herausholen können. Überlegen Sie sich schon vorher, was Sie ihren Kunden als Erfolgserlebnisse beim Kauf vermitteln können und unter welchen Voraussetzungen Sie »Nachlässe« oder besondere Serviceleistungen gewähren. So lässt sich beispielsweise ein Entgegenkommen beim Preis mit der Vereinbarung eines Zahlungsplanes, kürzeren Fristen für Abschlagszahlungen (beim VOB-Vertrag) oder bei der Wahl einer höherwertigen Leistung verbinden.
Ähnliche Überlegungen wie beim Privatkunden gelten auch, wenn Architekten in die Bauabwicklung eingebunden sind. Auch Architekten benötigen Erfolgserlebnisse, die sie gegenüber ihren Auftraggebern vorweisen können. Denken Sie schon während der Vorbereitung auf ein Verkaufsgespräch daran.

Bestätigen Sie dem Kunden nach Vertragsabschluss, dass er eine gute Wahl getroffen hat und sich schon jetzt auf das Ergebnis freuen kann. Schreiben Sie bereits am nächsten Tag einen Dankesbrief, der nochmals die wichtigsten Kundenwünsche und Gesprächsinhalte enthält, und zeigen Sie die weitere Vorgehensweise auf.
Schließlich gehört zu jedem Verkaufsgespräch die Nachbereitung. Die *Kundendatei* ist zu ergänzen, egal ob es nun zum Abschluss gekommen ist oder nicht. Aus jeder Analyse lassen sich Erkenntnisse für zukünftige Beratungen gewinnen. Auch wenn alles nach Plan gelaufen ist, muss dies festgehalten werden, weil dadurch Sicherheit für weitere Verkaufsgespräche entsteht. Nicht immer erhält man die Chance, Informationen darüber zu erhalten, weshalb man den Auftrag nicht bekommen hat. Aber scheuen Sie sich nicht, danach zu fragen und sich dafür (in Einzelfällen auch mit einem Brief) zu bedanken.

B. Angebotsbearbeitung

I. Angebotsgestaltung

1. Inhalt und Struktur

a) Aspekte der Angebotsbearbeitung

Zur Angebotserstellung bedient man sich heute entsprechender Branchenprogramme. Diese bestimmen nicht nur die äußere Form, sondern enthalten meistens auch Leistungstexte mit den dazugehörigen Einheitspreisen. Vorgegebene Leistungstexte dürfen natürlich nicht ungeprüft übernommen werden. Es sind daher immer individuelle, auf den konkreten Betrieb bezogene Texte zu erstellen. Die Erstellung von Angeboten wird wesentlich erleichtert, wenn die erforderlichen Leistungen, Kundenwünsche und örtlichen Gegebenheiten bei der Objektbesichtigung detailliert erfasst wurden. Dafür stehen in vielen Betrieben standardisierte Checklisten zur Verfügung (Mustervorlagen sind als **Download** vorhanden). Ein weiteres Hilfsmittel sind digitale Fotos der Gegebenheiten vor Ort. Die optische Darstellung des Objekts mit seinen Details ist nicht nur bei der Angebotserstellung eine wichtige Hilfe. Bilder sind auch bei der Präsentation des Angebots beim Kunden von unschätzbarem Wert, um technische und gestalterische Sachverhalte aufzuzeigen.

Bei *Leistungsverzeichnissen*, die von Bauträgern, Architekten, Hausverwaltungen oder anderen Auftraggebern zugeschickt werden, sind zuerst einige grundsätzliche Fragen zu klären, bevor man sich mit den Ausschreibungsunterlagen näher beschäftigt:

- Will ich für diesen Auftraggeber arbeiten?
- Kann ich diese Leistungen technisch ausführen?
- Verfüge ich grundsätzlich über die entsprechende Kapazität?
- Kann ich diesen Auftrag im vorgegebenen Zeitraum ausführen?
- Habe ich noch Spielräume, wenn sich die Auftragsausführung verschiebt?

Leistungsverzeichnisse von Architekten und ausschreibenden Stellen sind manchmal bezüglich der zu erbringenden Leistungen unklar und missverständlich formuliert und erlauben deshalb nicht immer eine eindeutige Preisermittlung. Als wichtiges Hilfsmittel gilt in der Praxis das *Begleitschreiben* zum

Angebot. Hier können mehrdeutige Sachverhalte genannt und entsprechende Hinweise zur Kalkulation erläutert werden. Allerdings sollte man sich genau überlegen, welche Hinweise man bereits bei der Angebotsabgabe macht. Manchmal ist es auch sinnvoll, erst nach der Auftragserteilung unklare Leistungstexte anzusprechen, um die Chance auf Zusatzaufträge zu wahren. Bei öffentlichen Auftraggebern ist allerdings von einem Begleitschreiben abzuraten, weil der Bieter sonst den Ausschluss aus dem Verfahren riskiert.

Leistungsverzeichnisse sind oft schon mehrere Wochen alt, wenn sie zur Angebotskalkulation vorliegen. Der aktuelle Stand der Leistungsausführung hat sich eventuell schon geändert, sodass manche Positionen nicht oder anders ausgeführt werden. Dann ist es von entscheidendem Vorteil für die Kalkulation, wenn Informationen über den neuesten Sachstand vorliegen. Dazu genügt manchmal schon ein Anruf beim bauleitenden Architekten. Positionen, die sicher nicht zur Ausführung kommen, können dann einen »strategischen« Preis erhalten. Außerdem erleichtern aktualisierte Hinweise zur Ausführungszeit und -dauer die betrieblichen Planungen.

Architekten neigen vermehrt dazu, auch fremde Gewerke in Leistungsverzeichnisse einfließen zu lassen. Dies erspart zum einen die Erstellung eigenständiger Ausschreibungen, und zum anderen vermindert es die Zahl der Ansprechpartner auf der Baustelle. Will man den Auftrag erhalten, sind diese gewerksfremden Leistungen selbstverständlich mit anzubieten. Die Kooperation mit anderen Handwerkern gewinnt auch vor diesem Hintergrund immer mehr an Bedeutung.

Im Zusammenhang mit vorgegebenen Leistungsverzeichnissen stellt sich auch die Frage, wann vorhandene *Bedenken* aufgrund der Hinweispflicht anzumelden sind. Rechtlich gilt, dass zum Zeitpunkt der Abgabe des Angebots der potenzielle Auftragnehmer nur Bieter ist. Eine Verpflichtung zum Hinweis auf eine unvollständige oder fehlerhafte Leistungsbeschreibung und einen eventuellen zusätzlichen Vergütungsanspruch besteht in der Regel hier noch nicht. Dieser Hinweis kann aber unter Umständen sinnvoll sein, um über die dargestellte Fachkompetenz mit der Auftraggeberseite ins Gespräch zu kommen und sich so einen Wettbewerbsvorteil zu verschaffen.

b) Positionsarten

Zentraler Bestandteil eines Angebots ist das *Leistungsverzeichnis*. Grundsätzlich sind folgende Gestaltungselemente bzw. Positionsarten zu unterscheiden:

- **Grundpositionen**
  Grundpositionen – auch als Normal- oder Hauptpositionen bezeichnet – werden im Leistungsverzeichnis aufgeführt und enthalten neben dem entsprechenden Mengenansatz einen *verbindlichen Einheitspreis*. Durch Multiplikation des Einheitspreises mit der Mengenangabe ergibt sich der Positionspreis. Um Grundpositionen handelt es sich auch dann, wenn statt eines Einheitspreises mit Mengenangabe eine Pauschalsumme für die gesamte Positionsleistung ausgewiesen ist. Bei Angeboten nach VOB/A ist darauf zu achten, dass unter einer Position nur solche Leistungen zusammengefasst werden, die für die Preisbildung als in sich gleichartig anzusehen sind. Außerdem sind Mischpositionen bzw. Sammelpositionen (z. B. Fenster und Türen völlig unterschiedlicher Bauart) unzulässig. *Nebenleistungen* sind nicht gesondert aufzuführen.
  Bei einem selbst erstellten Angebot für einen Privatkunden können aber auch sogenannte Nebenleistungen eine eigene Leistungsposition erhalten. Zumindest ist es sinnvoll, die Leistungen ausführlicher zu beschreiben und auf die mit auszuführenden Nebenleistungen hinzuweisen.

- **Alternativpositionen**
  Alternativpositionen oder *Wahlpositionen* kommen nur anstatt einer Grundposition zur Ausführung. Die Entscheidung für die Grundposition oder die Alternativposition trifft der Auftraggeber bei der Auftragserteilung. Alternativpositionen sind ein hervorragendes Gestaltungsmittel, um verschiedene Preis- und Qualitätsschienen in ein Angebot zu verpacken. Neben einer preisgünstigen Basis-Version können so Alternativen mit höheren Ansprüchen eingebaut werden. Ein geschickter Verkäufer wird sich die Chance nicht entgehen lassen, dem Kunden einen höheren Nutzen zu bieten und gleichzeitig an den betrieblichen Erfolg zu denken.
  Bei Ausschreibungen nach VOB/A ist die Verwendung von Wahlpositionen nur in Ausnahmefällen möglich.

- **Bedarfspositionen**
  Als *Bedarfs*- oder *Eventualpositionen* bezeichnet man solche Positionen, bei denen zum Zeitpunkt der Angebotserstellung noch nicht feststeht, ob sie überhaupt zur Anwendung kommen. Da sie keine andere Position verdrängen, kann sich der Auftraggeber meist auch noch während der Ausführung dafür entscheiden. Sie dürfen aber nicht ohne dessen Anordnung erfolgen. Werden Eventualpositionen trotzdem ausgeführt, handelt es sich um eine

Leistung ohne Auftrag, die nach § 2 Abs. 8 VOB/B grundsätzlich nicht vergütet wird.
Bedarfspositionen können dann als wichtiges Instrument der Angebotsgestaltung eingesetzt werden, wenn der Leistungsumfang im Voraus nicht genau bestimmt werden kann oder der Auftraggeber sich die Entscheidung noch offenhalten möchte. Dies ist beispielsweise dann der Fall, wenn der Maler für ein gesamtes Haus im Außenbereich ein Angebot auszuarbeiten hat, aber manche Positionen nicht zwingend auszuführen sind. Da Bedarfspositionen in die Gesamtsumme normalerweise nicht eingerechnet werden, enthält der Angebotsendpreis nur die wesentlichen Leistungen. Bei der Auftragsvergabe kann sich dann die gesamte Auftragssumme um entsprechende zusätzliche Leistungen aus den Bedarfspositionen erhöhen.
Zu ergänzen ist noch, dass Bedarfspositionen bei Ausschreibungen nach VOB/A grundsätzlich nicht mehr als Bestandteil des Leistungsverzeichnisses vorzusehen sind.

- **Zuschlagspositionen**
  Zuschlagspositionen kommen meist als Zulage zu Grundpositionen zur Anwendung, wenn bei der Angebotserstellung noch nicht klar ist, mit welchen Schwierigkeiten oder zusätzlichen Kosten bei der Ausführung von Leistungen zu rechnen ist. So sind beispielsweise Zuschlagspositionen bei erwarteten Erschwernissen, bei voraussichtlicher Nacht- oder Feiertagsarbeit oder auch für bestimmte Farbtöne denkbar. Da Zuschlagspositionen häufig missverständlich formuliert sind, muss im Zweifel mit dem ausschreibenden Architekten im Voraus klar geregelt werden, wie diese zu verstehen sind.

- **Titel und Lose**
  Unter Struktur- und Gestaltungsaspekten bietet sich das Arbeiten mit Losen und Titeln an. Unter einem *Titel* lassen sich beispielsweise alle Positionen zu Innenarbeiten oder Fassadenarbeiten zusammenfassen. *Lose* werden meist verwendet, um für einzelne Bauabschnitte oder größere Objekte die Leistungen mehrerer Titel zusammenzufassen.

Die Verwendung von Losen, Titeln und verschiedenen Positionsarten bietet die Chance, sehr individuelle Angebote zu erstellen. Die Angebotsgestaltung mit Alternativ-, Bedarfs- und Pauschalpositionen stellt die gebotenen Leistungen in den Mittelpunkt und erschwert die oft beklagte Reduzierung des Angebotsvergleichs auf das Pekuniäre erheblich.

2. Das kundenorientierte Angebot

a) Grundsätzliches

Durch die Qualität des Produkts allein lassen sich die Kunden heute nicht mehr überzeugen. Der unbestrittene Marktvorteil ist eine konsequente *Kundenorientierung*. Angebote müssen deshalb insbesondere im Privatkundenbereich die Bedürfnisse und Vorstellungen des Kunden aufnehmen und den individuellen Nutzen beschreiben. Bereits beim Lesen des Angebots sollte der Wunsch geweckt werden, dieses realisieren zu wollen. Denn häufig wird schon durch die Angebotsgestaltung und die Art der Kommunikation eine subjektive Vorauswahl getroffen. Der Kunde will sich verstanden fühlen, z. B. indem er seine Wünsche und Vorstellungen im Angebot wiederfindet und ihm die Leistungen aus seiner Perspektive verständlich erklärt werden. Das erzeugt positive Emotionen und schafft Differenzierungsmöglichkeiten unabhängig vom Preis.

Voraussetzung für die Erstellung von kundenorientierten Angeboten ist neben der intensiven Beschäftigung mit dem Kunden und dem zu bearbeitenden Objekt der gekonnte Einsatz der äußeren Gestaltungselemente. Bei besonders wichtigen Aufträgen ist es unumgänglich, sich einen bestimmten Freiraum für die Angebotserstellung zu verschaffen. Ungestörte Konzentration ist die beste Voraussetzung, um das Angebot optimal an den Bedürfnissen des Kunden zu orientieren und gleichzeitig die eigenen Interessen angemessen zu berücksichtigen.

Handelt es sich um einen sogenannten *Stammkunden*, ist eine *Kundendatei* mit wichtigen Merkmalen und Hinweisen äußerst hilfreich. Aus dieser Kundendatei sollte u. a. hervorgehen, ob es sich um einen eher preisbewussten Kunden handelt, dem es vor allem auf Problemlösungen ankommt, ob der Kunde eine Neigung für ausgefallene, exklusivere Lösungen besitzt oder ob man einen Kunden vor sich hat, der eine umfassende Beratungsleistung wünscht und den Vorschlägen des Fachmanns gegenüber aufgeschlossen ist.

Will man dem Kunden hochwertigere Beschichtungen oder Techniken verkaufen, sind schon hier die erforderlichen Gestaltungs- und Nutzenargumente zu erarbeiten. Welche Argumente dann bereits ins Angebot einfließen sollen und welche erst beim Verkaufsgespräch, ist eine Frage der Taktik. Grundsätzlich gilt: Da die hochwertigeren Arbeiten auch einen höheren Preis erfordern – meist aber auch einen höheren Nutzen bieten –, sollten sie vor allem in Alternativ-

oder Bedarfspositionen enthalten sein. Die Wahl zwischen verschiedenen Alternativen mit unterschiedlichen Preisvarianten setzt auf den mündigen Kunden und fordert zugleich den potenziellen Auftragnehmer als kompetenten Berater. Außerdem erleichtern Portfolios mit zwei oder drei Ausführungsvarianten das Verkaufsgespräch. Gerade weil viele Kunden anfangs nicht genau wissen, was sie wollen und auch ihre Budgetvorstellungen nicht in Stein gemeißelt sind, kann durch Angebotsvarianten ein wichtiger Entscheidungsprozess beim Kunden in Gang gesetzt werden. So wird es vor allem bei Arbeiten im Innenbereich häufig vorkommen, dass die anfänglich gewünschte preiswerte oder mittlere Variante fast immer durch höherwertige Elemente ergänzt wird.

Wer den zeitaufwendigen Weg eines kundenorientierten Angebots unternommen hat, sollte dieses entweder persönlich beim Kunden vorbeibringen oder wenigstens im Angebotsschreiben den Wunsch nach einem eingehenden Gespräch zum Ausdruck bringen. Im zweiten Fall muss unbedingt telefonisch nachgehakt werden, um einen Beratungstermin zu vereinbaren. Nur wer direkt vor Ort die Chance hat, sein Angebot darzustellen, kann seine unverwechselbaren Nutzenargumente auch voll zur Geltung bringen. Halten Sie deshalb noch einige Pfeile im Köcher. Bieten Sie im Verkaufsgespräch noch Zusatznutzen, der nicht schon im schriftlichen Angebot enthalten ist.

Und noch ein Wort zur Verpackung: Wer sich schon die Mühe gemacht hat, ein kundenorientiertes und attraktives Angebot auszuarbeiten, sollte bei der Verpackung nicht sparen. Ein gutes Briefpapier mit ansprechendem Logo, eine Visitenkarte und eine Angebotsmappe, eventuell ergänzt um Informationen und Fotos von Referenzobjekten in einem qualitativ höherwertigen Umschlag, erhöhen die Wertigkeit jeden Angebots.

b) Beispiele

Beispiel 1: Fassadenrenovierung Mehrfamilienhaus mit zwölf Wohnungen – Angebot 4711

Sehr geehrte/r Frau/Herr .... ,

vielen Dank für Ihr Vertrauen in unser Team. Nachdem wir im letzten Jahr die Fassade Ihres Einfamilienhauses neu gestalten konnten, freuen wir uns, dass Sie uns mit der Ausarbeitung eines Angebots über Renovierungsarbeiten in der Lutherstraße 4 beauftragt haben.
Bei unserem Gespräch am Montag vor Ort hatten wir die Frage nach der Art des Anstrichs noch offengelassen. Deshalb haben wir für Sie ein Angebot mit zwei alternativen Systemen ausgearbeitet, das wir gerne mit Ihnen besprechen würden. Die farbige Beschichtung der Balkongeländer wurde als Bedarfsposition ausgewiesen, da die Ausführung noch nicht feststeht. Die Preise für die Alternativ- bzw. Bedarfsposition sind in der Angebotssumme nicht enthalten und deshalb in Klammern gesetzt.

Positionen	Leistungen	
Pos. 1	Abdeckarbeiten Alle Fenster, Türen und die Betonpflaster werden sorgfältig abgedeckt, um Verschmutzungen bei den Beschichtungsarbeiten vorzubeugen. An der Westseite werden die Sträucher zusammengebunden und mit Folien geschützt.	
	pauschal	995,00 €
Pos. 2	Gerüstarbeiten Auf- und Abbau eines Gerüsts nach den Vorschriften der Bauberufsgenossenschaft. Das Gerüst wird sofort nach Beendigung der Arbeiten wieder entfernt.	
	ca. 650 m² zu 6,40 €/m²	4.160,00 €
Pos. 3	Fassadenarbeiten[1)] Gesamte Fläche mit Hochdruckreiniger und Heißdampf gründlich reinigen. Die gründliche Reinigung ist notwendig, um fest haftende Verschmutzungen wirksam zu entfernen und für die nachfolgenden Beschichtungen einen tragfähigen Untergrund zu erhalten.	
	ca. 580 m² zu 2,25 €/m²	1.305,00 €

Pos. 4	Eine Grundbeschichtung mit Grundiermittel. Mit dieser Beschichtung wird eine gute Haftung für die folgenden Beschichtungen erzielt.	
	ca. 580 m² zu 4,00 €/m²	2.320,00 €
Pos. 5	Eine Zwischen- und eine Schlussbeschichtung mit Fassadenfarbe. Mit dieser wetterbeständigen Beschichtung entsteht eine gleichmäßige Oberfläche mit langer Haltbarkeit.	
	ca. 580 m² zu 11,85 €/m²	6.873,00 €
Pos. 5.1	**<u>Alternativposition</u>** Eine Zwischen- und eine Schlussbeschichtung mit Silikonharz- Fassadenfarbe. Mit dieser hochwertigen Beschichtung entsteht eine wasserabweisende Oberfläche mit hoher Schutzwirkung gegen aggressive Luftschadstoffe.	
	ca. 580 m² zu 12,75 €/m²	(7.395,00 €)
Pos. 6	<u>Isolierglasfenster aus Holz – außen und innen</u> Gesamte Fensterfläche gründlich reinigen und anschleifen. So wird für die nachfolgende Beschichtung eine gute Haftung erzielt.	
	ca. 250 m² zu 4,00 €/m²	1000,00 €
Pos. 7	Die Fensterfläche wird zweimal mit umweltschonendem, wetterbeständigem Fensterlack weiß gestrichen. Sie erhält eine optisch einheitliche Oberfläche. Außerdem wird die Haltbarkeit der Fenster deutlich erhöht.	
	ca. 250 m² zu 25,00 €/m²	6.250,00 €
Pos. 8	<u>Dachuntersichten</u> Gesamte Holzfläche gründlich reinigen und anschleifen. Dadurch wird für die nachfolgende Beschichtung eine gute Haftung erzielt.	
	ca. 100 m² zu 3,40 €/m²	340,00 €
Pos. 9	Die gesamte Holzfläche wird zweimal mit umweltschonender, wetterbeständiger Holzlasur gestrichen. Sie erhalten einen neuen Schutz gegen schädliche Witterungseinflüsse.	
	ca. 100 m² zu 11,60 €/m²	1.160,00 €

Pos. 10 Balkongeländer **(Bedarfsposition)**

Die verzinkten Balkongeländer werden gereinigt und anschließend zweimal mit hochwertiger Kunstharzlackfarbe gestrichen. Die farbige Beschichtung der Geländer wirkt sich positiv auf das optische Gesamtbild des Gebäudes aus. Außerdem wird das Geländer dauerhaft vor schädlichen Witterungseinflüssen geschützt.

ca. 375 m zu 5,80 €/m	(2.175,00 €)
Angebotspreis[2] netto	**24.403,00 €**
+ 19 % Umsatzsteuer	4.636,57 €
Angebotspreis brutto	**29.039,57 €**

Wir möchten Sie darauf hinweisen, dass auf der Westseite einige Dachziegel defekt sind. Diese sollten ausgetauscht werden. Außerdem löst sich die Blechverwahrung am Kamin ab. Gerne übernehmen wir für Sie diese Arbeiten und beauftragen – falls nötig – einen Fachmann. Wir bleiben auf jeden Fall Ihr einziger Ansprechpartner und informieren Sie vor Ausführung der Arbeiten.

Für alle Arbeiten gilt die gesetzliche Gewährleistung von 5 Jahren. Wählen Sie die Alternativbeschichtung mit Silikonharzfarbe, sind wir bereit, die Gewährleistung auf sechs Jahre zu erhöhen.

Sollten Sie sich für uns entscheiden, können wir Ihnen einige interessante Farbvorschläge unterbreiten. Am Montag, 20. Juli ... werde ich mich auf jeden Fall bei Ihnen telefonisch melden, um das weitere Vorgehen zu besprechen.

Für weitere Fragen und Wünsche haben wir stets ein offenes Ohr. Rufen Sie einfach an – wir sind für Sie da.

Mit farbigen Grüßen

Malerbetrieb Mustermann

1) Eventuelle Kosten für das Auffangen, die Behandlung und die Einleitung des Schmutzwassers sind hier nicht enthalten.

2) Die Preise dieses Leistungsverzeichnisses gelten für das zugrunde liegende Objekt. Leistungspreise sind insbesondere abhängig von der Art des Objekts, von regionalen Faktoren, von den individuellen Gegebenheiten des jeweiligen Anbieters und der Wettbewerbssituation.

Im Beispiel 1 sind die Nutzenargumente der Leistungen vorwiegend in der Beschreibung zu den einzelnen Positionen enthalten. Als Alternative kann bei bestimmten Angeboten der Schwerpunkt auch auf einem *kundenorientierten Begleitschreiben* liegen (Beispiel 2). Es enthält bereits alle wesentlichen Verkaufsargumente, sodass die eigentliche Leistungsbeschreibung mit den entsprechenden Positionspreisen eher knapp gehalten werden kann. Der Kunde soll dabei schon durch den Inhalt des Begleitschreibens so von der Leistung überzeugt werden, dass die Preise des eigentlichen Angebots sekundär sind.

Beispiel 2: Begleitschreiben zu einer Wischtechnik im Eingangsbereich

Sehr geehrte Frau König,

in der vergangenen Woche haben wir uns gemeinsam den Eingangsbereich Ihrer Wohnung angesehen und verschiedene Gestaltungsvorschläge besprochen. Dabei haben Sie großes Interesse an unserer Wischtechnik gezeigt.

Wie beim Ortstermin vereinbart, erhalten Sie nun mein Angebot. Gleichzeitig möchte ich nochmals die genaue Vorgehensweise beschreiben, damit Sie sich Ihren zukünftigen Eingangsbereich besser vorstellen können.
Vor Beginn der Arbeiten decken wir den Fußboden und die Möbel sowie alle angrenzenden Bauteile mit Vlies und Folien sorgfältig ab. Wir tragen dann eine lösemittelfreie Grundierung auf, um eine gute Haftung für die nachfolgenden Arbeitsgänge herzustellen. Die Grundierung ist absolut geruchsfrei, damit die Raumluft nicht belastet wird und Sie Ihre Wohnung während der Arbeiten wie gewohnt weiter benutzen können.

Nach der Trocknung des Grundauftrags beginnen wir mit den Spachtelarbeiten. Dieser Arbeitsgang ist notwendig, um einen optimalen Untergrund für das nachfolgende Renoviervlies zu erhalten. Das Vlies wird wie eine Tapete ohne Überlappung in einen geeigneten Kleber eingebettet. Sie erhalten eine makellose Wandfläche als Basis für die Ausführung der nachfolgenden Wischtechnik.

Das Renoviervlies wird nun mit einer hochwertigen geruchs- und lösemittelfreien Dispersionsfarbe gestrichen und dem späteren Farbton angepasst. Um Ihnen die Entscheidung für eine bestimmte Kombination aus Farbe und Wischstruktur zu erleichtern, erstellen wir bereits im Vorfeld einige Musterflächen. So können Sie vor Ort, in Ihrem gewohnten Umfeld, die von Ihnen gewünschte Farbrichtung und Wischstruktur auswählen. Die Wischtechnik wird anschließend auf dem gestrichenen Untergrund ganz nach Ihren Vorstellungen ausgeführt. Dazu verwenden wir eine besondere Bürste. Die von Ihnen gewählte Wischstruktur erzielen wir mithilfe eines Schwamms.

Nach Fertigstellung der Arbeiten entfernen wir sorgfältig alle Abdeckmaterialien und entsorgen die Folien fachgerecht. Sie werden eine saubere Wohnung vorfinden, damit Sie Ihr neues Ambiente von Anfang an genießen können.

Freuen Sie sich schon jetzt auf Ihren neuen Eingangsbereich. Sie werden erstaunt sein, welch mediterranes Flair die neugestalteten Wände vermitteln und Sie an einen Urlaub im sonnigen Süden erinnern.

Am Montag in der nächsten Woche werde ich mich bei Ihnen telefonisch melden. Sie können sich jedoch auch gerne vor diesem Termin mit mir in Verbindung setzen.

Mit freundlichen Grüßen

Malerbetrieb Mustermann

II. Preisgestaltung

1. Grundlagen der Preisbildung

a) Arten der Preisbildung

Die *Preisbildung* handwerklicher Leistungen vollzieht sich im Spannungsfeld zwischen Kosten, Nachfrage und Konkurrenz. Steht die Überlegung im Vordergrund, dass der Preis einer Leistung primär durch die Kosten bestimmt wird, spricht man von der kostenorientierten Preisbildung. Diese Art der Preisbildung orientiert sich meist an den Selbstkosten, das heißt an *allen* Kosten die durch den Auftrag direkt oder indirekt verursacht werden. Wird zu den ermittelten Selbstkosten ein entsprechender Gewinnzuschlag addiert, ergibt sich der sogenannte *Kostenpreis*. Dieser liegt aber nicht nur dann vor, wenn *alle* durch die Leistung verursachten Kosten durch den Preis abgedeckt werden (Vollkostenrechnung). Auch auf der Basis von Teilkostenrechnungen lassen sich

Kostenpreise ermitteln, wenn nur bestimmte Kostenanteile in die Preisbildung einfließen sollen.

Jedes handwerkliche Unternehmen muss seine Leistungen auf dem Markt anbieten. Deshalb kann sich die Preisbildung nicht allein an der betrieblichen Kostenstruktur orientieren, sondern hat vor allem die Nachfragesituation zu berücksichtigen. Nur dort, wo die Vergleichbarkeit der Angebote eingeschränkt ist oder der Unternehmer als Monopolanbieter auftritt, kann dieser entscheidenden Einfluss auf den *Marktpreis* nehmen.

Auch bei einer nachfrageorientierten Preisbildung darf die Kostensituation des Betriebs nie außer Acht gelassen werden. Auf Dauer ist mindestens eine Gesamtkostendeckung anzustreben, weil sonst das Unternehmen von der Substanz lebt und in seiner Existenz gefährdet ist. Im Rahmen der Preisfindung für einzelne Leistungen oder auch für komplette Aufträge können aber verschiedene Betrachtungsweisen durchaus zu unterschiedlichen Ergebnissen führen. Eine moderne Kostenrechnung liefert hier wichtige Informationen. Im Folgenden werden die Grundstrukturen der beiden wichtigsten Kostenrechnungssysteme kurz skizziert.

b) Vollkostenrechnung

Grundsätzlich lassen sich Kostenrechnungssysteme sowohl im Blick auf ihren Zeitbezug als auch hinsichtlich der Zurechnung der Kosten zu den Leistungen differenzieren. Wird nach Art und Umfang der Kostenzurechnung unterschieden, spricht man von der *Voll*- bzw. der *Teilkostenrechnung*.

Das wesentliche Merkmal einer Vollkostenrechnung besteht darin, dass *alle* Kosten einer Abrechnungsperiode den Kostenträgern (Leistungen, Aufträge) zugerechnet werden. Neben den *Einzelkosten* (direkt verrechenbare Löhne und direkt verrechenbare Werkstoffe) und eventuellen *Sondereinzelkosten* (z. B. Fahrtkosten und Pauschalen für auswärtige Baustellen) werden auch alle *Gemeinkosten* mittels eines oder mehrerer Zuschlagssätze den Kostenträgern zugewiesen. Diese Art der Kostenträgerrechnung nennt man deshalb auch *Zuschlagskalkulation*. Sie findet Anwendung bei der Ermittlung von Angebotspreisen für einzelne Leistungen, bei der Berechnung von betrieblichen Stundenverrechnungssätzen und bei der Erfolgskontrolle.
Eine Zuschlagskalkulation auf der Basis von Vollkosten hat in ihrer einfachsten Form folgenden Aufbau:

Werkstoffkosten
Direkt verrechenbare Lohnkosten
+ .... % lohnabhängige Gemeinkosten
= Herstellkosten
+ Sondereinzelkosten
= Selbstkosten
+ .... % Zuschlag für Gewinn und Wagnisse
= Angebotspreis netto

Die Ermittlung des *Stundenverrechnungssatzes* zeigt folgendes Beispiel:

Direkt verrechenbarer Lohn	16,50 €/Std.
+ 190 % lohnabhängige Gemeinkosten	31,35 €/Std.
Selbstkosten	47,85 €/Std.
+ 7,5 % Zuschlag für Gewinn und Wagnisse	3,59 €/Std.
Stundenverrechnungssatz (Lohnpreis netto)	**51,44 €**/Std.

Lohnpreis je Minute: $\frac{51{,}44\ €/\text{Std.}}{60\ \text{Min./Std.}} = \mathbf{0{,}86\ €}/\text{Min.}$

Die Verwendung von *Kalkulationsfaktoren* (Lohnmalnehmern) vereinfacht die Preisberechnung, weil durch die Multiplikation des *Lohnmalnehmers* mit dem entsprechenden »Stundenlohn« unterschiedliche Stundenverrechnungssätze bzw. Lohnminuten (z. B. für Gesellen und Helfer oder bei Lohnerhöhungen) ermittelt werden können. Bei einem lohnabhängigen Gemeinkostensatz von 190 % und einem Zuschlag für Gewinn und Wagnisse von 7,5 % ergibt sich der Lohnmalnehmer wie folgt:

Direkt verrechenbarer Lohn	1,00
+ 190 % lohnabhängige Gemeinkosten	1,90
Selbstkosten	2,90
+ 7,5 % Gewinn und Wagnisse	0,22
Kalkulationsfaktor Lohn (Lohnmalnehmer)	**3,12**

Eine verursachungsgerechtere Zuschlagskalkulation erreicht man, indem die Gemeinkosten in einen lohn- und einen werkstoffabhängigen Anteil aufgeschlüsselt werden. Weil sich dadurch die lohnabhängigen Gemeinkosten um die entsprechenden *Werkstoffgemeinkosten* verringern, reduziert sich der lohnabhängige Gemeinkostensatz. Die neuen Kalkulationsfaktoren auf der Basis von zwei getrennten Gemeinkostensätzen für Lohn und Werkstoffe ergeben sich dann wie folgt:

Direkt verrechenbarer Lohn	1,00
+ 180 % lohnabhängige Gemeinkosten	1,80
Selbstkosten	2,80
+ 7,5 % Gewinn und Wagnisse	0,21
Kalkulationsfaktor Lohn	**3,01**

Direkt verrechenbare Werkstoffe	1,00
+ 15 % werkstoffabhängige Gemeinkosten	0,15
Selbstkosten	1,15
+ 7,5 % Gewinn und Wagnisse	0,09
Kalkulationsfaktor Werkstoffe	**1,24**

Gemeinkostenzuschlagssätze bzw. Kalkulationsfaktoren bilden die Grundlage für die Ermittlung von Kostenpreisen auf der Basis von Vollkosten. Im Rahmen der Vollkostenrechnung werden so neben den direkt von der Leistung bzw. vom Auftrag abhängigen Kosten (Einzelkosten und leistungsabhängige Gemeinkosten) auch alle auftragsunabhängigen Kosten (*Fixkosten*) proportional zu den Einzelkosten auf die einzelnen Kostenträger verteilt. Eine Zurechnung der auftragsunabhängigen Fixkosten mittels prozentualer Verteilung entspricht aber nicht dem Verursacherprinzip.
Dies führt dazu, dass Vollkostenrechnungssysteme für die Preispolitik und die Steuerung von Unternehmensprozessen nur begrenzt aussagefähig sind. Aus diesem Grunde ist es sinnvoll, für bestimmte marktorientierte Entscheidungen ergänzende Informationen zur Verfügung zu haben. Eine moderne Preispolitik erfordert daher ein Kostenrechnungssystem, bei dem nur ein Teil der Kosten den einzelnen Leistungen oder Aufträgen zugerechnet wird (Teilkostenrechnung).

c) Deckungsbeitragsrechnung

Grundlegend für die nachfolgend skizzierte Teilkostenrechnung ist die Trennung aller Kosten in (beschäftigungs-)*fixe* und (beschäftigungs-)*variable* Kosten. Unter Beschäftigung versteht man dabei den während einer Geschäftsperiode erzielten oder den zu realisierenden Leistungsumfang. Für die beschäftigungsvariablen Kosten wird im Maler- und Lackiererhandwerk unterstellt, dass sie sich proportional zur Beschäftigung bzw. Auslastung verändern. Wird in diese kostenrechnerische Betrachtungsweise die Erlösseite mit einbezogen, spricht man von der *Deckungsbeitragsrechnung*. Als Deckungsbeitrag wird dann der Wert bezeichnet, der sich als Überschuss aus dem erzielten Verkaufspreis (Nettoerlös) und den variablen Kosten für diesen Auftrag ergibt:

Der *Deckungsbeitrag* eines Auftrags steht zur Deckung der im Unternehmen anfallenden fixen Kosten (Bereitschaftskosten) zur Verfügung. Die *fixen* Kosten (z. B. Büromiete) fallen innerhalb eines bestimmten Zeitraums (z. B. ein Jahr) unabhängig von der Beschäftigtenzahl bzw. der Auslastung immer in gleicher Höhe an. Man nennt sie deshalb auch zeitabhängige Kosten. Nur wenn sich die Beschäftigung erheblich ausweitet, entstehen zusätzlich sogenannte *sprungfixe* Kosten. Grundsätzlich gilt: Erst wenn die Fixkosten einer Geschäftsperiode durch die Summe aller Deckungsbeiträge dieser Periode gedeckt sind, erreicht das Unternehmen die Gewinnzone.

Die Deckungsbeitragsrechnung eignet sich hervorragend für die Ermittlung der sogenannten *Gewinnschwelle* (Break-Even-Point). Als Gewinnschwelle bezeichnet man diejenige Kapazitätsauslastung, bei der die Summe aller Kosten genau der Summe der erzielten Erlöse entspricht.

Beispiel zur Gewinnschwellenberechnung

Fixkosten im Unternehmen	200.000,00 €/Jahr
Erlös (durchschnittlich)	70,00 €/Std.
– variable Kosten inklusive Werkstoffe	50,00 €/Std.
= Deckungsbeitrag	20,00 €/Std.

$$\text{Gewinnschwelle} = \frac{200.000{,}00\ €}{20{,}00\ €/\text{Std.}} = 10.000\ \text{Stunden/Jahr}$$

Neben der Berechnung der *Gewinnschwelle* kann eine Deckungsbeitragsrechnung durch die Bereitstellung bestimmter Informationen, Entscheidungshilfen für weitere Fragestellungen des Unternehmers geben:

- Bei welchen Leistungen ist eine Ausweitung des Absatzes anzustreben und welche Leistungen sollen zurückgefahren oder aufgegeben werden (Optimierung des Leistungsprogramms)?
- Auf die Deckung welcher Kosten kann bei einzelnen Produkten oder Aufträgen verzichtet werden? Es geht also um die Frage nach möglichen *Preisuntergrenzen* als Instrument einer flexiblen Preispolitik.
- Welche Leistungen soll der Betrieb selbst erstellen und welche besser an andere Unternehmen weitergegeben (Eigenfertigung oder Nachunternehmereinsatz)?
- Welche Auswirkungen haben Auslastungs- und Preisänderungen sowie Lohn- und andere Kostenerhöhungen auf das Betriebsergebnis und den Gemeinkostensatz?

2. Vorkalkulation

Für die Erstellung eines Angebots, mit dem sich der Unternehmer auf dem Markt um einen Auftrag bewirbt, ist normalerweise eine mehr oder weniger differenzierte Angebotskalkulation notwendig. Weil Angebotskalkulationen dem Vertragsabschluss vorgeschaltet sind, bezeichnet man sie auch als *Vorkalkulationen*. *Zwischen- bzw. Begleitkalkulationen* sind wichtige Controllinginstrumente bei der Abwicklung größerer Aufträge. Werden nach dem Abschluss von Bauleistungen die tatsächlich entstandenen Kosten den erzielten Erlösen gegenübergestellt, spricht man von der *Nachkalkulation*. Weitergehende Analysen sind dann möglich, wenn die tatsächlichen Kosten mit den (vor)kalkulierten Kosten und Preisen verglichen werden.
Weil jede *Vorkalkulation* auf Durchschnitts- oder Erfahrungswerten aus der Vergangenheit basiert, sind diese ständig zu aktualisieren und den betrieblichen Gegebenheiten anzupassen. Am Beispiel einer Fassadenrenovierung soll hier eine differenzierte Vorkalkulation gezeigt werden. Dabei wird mit zwei Gemeinkostensätzen gerechnet. Ein Leerformular zur Preisberechnung steht als Excel-Tabelle zum **Download** zur Verfügung.

PREISBERECHNUNG

Durchschnittslohn:	16,50	€/Std.	Kalkulationsfaktor Lohn:	3,01		Werkstoffabhängige GK:	15,00	%
Gemeinkostensatz:	180,00	%	Lohnpreis je Stunde:	49,67	€	Angestrebter Gewinn:	7,50	%
Angestrebter Gewinn:	7,50	%	Lohnpreis je Minute:	0,83	€	Kalkulationsfaktor Werkstoffe:	1,24	

Art der Arbeit: Putzfassade, Silikonharzfarbe **Menge:** 240 **Einheit:** m^2

1	2	3	4	5		6	7	8	9	
Leistungsbeschreibung	**Zeit je Einheit in Min.**	**Zeitbedarf insgesamt**	**Benötigte Werkstoffe**	**Verbrauch je Einheit**	**Ein-heit**	**Einkauf**	**Verkauf**	**Werk-stoffpreis**	**Menge**	**Ein-heit**
Abdecken und entfernen	2,5	10,0 Std	GK							
Hochdruckreinigen	2,0	8,0 Std	GK							
Kleine Risse ausbessern	0,5	2,0 Std	GK							
Grundauftrag	3,5	14,0 Std	Grundierfarbe, wv	0,150	l	4,80	5,95	0,89 €	36,00	l
Zwischenauftrag	5,0	20,0 Std	Silikonharzfarbe	0,200	l	9,00	11,16	2,23 €	48,00	l
Schlussauftrag	5,0	20,0 Std	Silikonharzfarbe	0,200	l	9,00	11,16	2,23 €	48,00	l
Zeitbedarf	**18,5**	**74,0 Std**		**Werkstoffpreis je Einheit:**				**5,35 €**		
LOHNPREIS	↳	**15,36 €**	**3.686,40 €**	**Zusatzberechnungen**						
WERKSTOFFPREIS		**5,35 €**	**1.284,00 €**							
GESAMTPREIS		**20,71 €**	**4.970,40 €**							

Folgende Leistungsbeschreibung liegt der Preisberechnung zugrunde:

Befund: 240 m² Putzfassade (Kratzputz 1,5 mm)

Leistung: Alten Anstrich mit Hochdruckreiniger gründlich reinigen
Einzelne Risse ausbessern (Geschätzter Aufwand: 2 Std.)
Grundauftrag mit wässriger Grundierung
Zwischenauftrag mit Silikonharz-Fassadenfarbe
Schlussauftrag mit Silikonharz-Fassadenfarbe

3. Rückkalkulation

a) Rückkalkulation und Marktpreis

In der Praxis werden dem Unternehmer oftmals Einheits- oder Gesamtpreise vorgegeben, zu denen er den Auftrag bekommen kann (Marktpreis). Ist ein hohes Maß an Erfahrung vorhanden, lässt sich meist auch ohne detaillierte Berechnung sagen, ob der genannte Preis akzeptabel ist oder nicht. Für genauere Analysen bedarf es jedoch eines rechnerischen Instrumentariums, das dem Unternehmer Entscheidungshilfen für die Preisgestaltung liefert. Als wichtiges Hilfsmittel kommt hierfür die *Rückkalkulation* (Rückrechnung) in Frage. Im Rahmen einer Rückkalkulation kann nämlich festgestellt werden, ob bei einem gegebenen Marktpreis unter Berücksichtigung der Kosten und eines geplanten Gewinns die ermittelte Leistung je Minute bzw. je Stunde von den Mitarbeitern auch erbracht werden kann. Rückrechnungen auf der Basis von Vollkosten liegen dann vor, wenn *alle* Kosten in die Berechnung einfließen. Wird im Rahmen einer Teilkostenrechnung eine Differenzierung der Fixkosten vorgenommen, lassen sich mithilfe der Rückkalkulation zusätzlich Preisuntergrenzen ermitteln.

Exemplarisch soll für die Renovierung von vierzig weißen **Türblättern** eine Rückkalkulation durchgeführt werden.
Folgende Angaben zur Ausführung und zum Betrieb liegen der Berechnung zugrunde:

- Es sind zwei Beschichtungen mit Kunstharzlack (Vor- und Decklack) aufzutragen.
  Materialkosten für beide Spritzgänge: 28,05 €/Tür
- Die Türblätter werden in die Werkstatt geliefert und abgeholt.

- Der Auftrag kann nach den Planungen des Meisters von einem Gesellen und einem Helfer in vier Tagen (= 32 Std. je Mitarbeiter) ausgeführt werden.
- Alle notwendigen *Vorarbeiten* wie die Montage der Türleger und Beschläge, Schleifen und Fleckspachteln werden vom Gesellen und vom Helfer gemeinsam ausgeführt. Dafür werden für jeden 16 Std. eingeplant.
- Für das *Spritzen* verbleiben damit insgesamt nochmals 16 Std. (= zwei Tage). Diese Zeit reicht nach den Erfahrungen des Meisters gerade aus, wenn der Helfer während der Spritzgänge für den innerbetrieblichen Transport und andere Nebenarbeiten zur Verfügung steht.

– Bruttolohn Geselle	17,40 €/Std.
– Bruttolohn Helfer	13,80 €/Std.
– lohnabhängige Gemeinkosten	180,00 %
– leistungsabhängige Gemeinkosten	92,00 %
– zeitabhängige Gemeinkosten[1)]	88,00 %
– kalkulatorische Kosten	50,00 %
– kalkulatorischer Unternehmerlohn	30,00 %
– restliche kalkulatorische Kosten	20,00 %
– restliche zeitabhängige Gemeinkosten	38,00 %
– werkstoffabhängige Gemeinkosten	15,00 %
– geplanter Gewinn	7,50 %
– Nettopreis	111,80 €/Tür

1) Hilfsweise werden die entsprechenden Fixkostenbestandteile prozentual angegeben. Sie beziehen sich dann auf einen bestimmten Beschäftigungsgrad und eine geplante Auslastung.

Beispiel Rückkalkulation

Marktpreis netto		111,80 €/Tür
– 7,5 % Gewinn		7,80 €/Tür
Selbstkosten		104,00 €/Tür
– Materialkosten (direkt verrechenbar)		28,05 €/Tür
– 15 % werkstoffabhängige Gemeinkosten		4,21 €/Tür
Lohnkosten insgesamt		71,74 €/Tür
– 180 % lohnabhängige Gemeinkosten		46,12 €/Tür
Direkt verrechenbare Löhne		25,62 €/Tür
– Vorarbeiten Helfer	$\frac{16{,}00 \text{ Std. } \times 13{,}80 \text{ €/Std.}}{40 \text{ Türen}}$	= 5,52 €/Tür

– Vorarbeiten Geselle	$\frac{16{,}00 \text{ Std.} \times 17{,}40 \text{ €/Std.}}{40 \text{ Türen}}$	= 6,96 €/Tür
– Unterstützung des Helfers während der Spritzgänge	$\frac{16{,}00 \text{ Std.} \times 13{,}80 \text{ €/Std.}}{40 \text{ Türen}}$	= 5,52 €/Tür
Direkt verrechenbare Löhne für zwei Spritzaufträge		7,62 €/Tür

1. Vorgabezeit je Tür bei zwei Spritzaufträgen: $\frac{7{,}62 \text{ €/Tür}}{0{,}29 \text{ €/Min.}}$ = 26,3 Min./Tür
2. Geforderte Leistung je Std.: $\frac{60{,}00 \text{ Min./Std.}}{26{,}30 \text{ Min./Tür}}$ = 2,3 Türen/Std.
3. Zur Verfügung stehende Lackierzeit: = **17,4 Std.**

Das Ergebnis der Rückkalkulation zeigt, dass dem Gesellen für die beiden Spritzgänge rechnerisch sogar etwas mehr als die erforderlichen 16 Std. zur Verfügung stehen. Das bedeutet, dass bei dem zu erzielenden Preis von 111,80€/Tür nicht nur alle Kosten gedeckt sind, sondern der einkalkulierte Gewinnzuschlag von 7,5 % auch erreicht werden kann.
Die Rückkalkulation ist eine rechnerische Entscheidungshilfe bei der Bewertung von potenziellen Aufträgen oder für die Wahl zwischen Alternativen. Letzteres ist dann der Fall, wenn der Unternehmer aus Kapazitätsgründen nur einen von mehreren Aufträgen annehmen kann oder sich zwischen der Ausführung durch eigene Mitarbeiter und dem Einsatz von Nachunternehmern entscheiden muss.

b) Preisuntergrenzen

Im Sinn einer aktiven Preispolitik ist es manchmal erforderlich, bei einzelnen Leistungspositionen oder bei ganzen Aufträgen auf die Deckung bestimmter Kostenbestandteile zu verzichten. Notwendigerweise setzt dies die Kenntnis der eigenen Preisuntergrenzen voraus. Basierend auf den oben dargestellten Annahmen und Berechnungen sollen nun drei Preisuntergrenzen für die Beschichtung der 40 Türblätter kurz beschrieben und rechnerisch ermittelt werden.

- **Gemäßigte ausgabenorientierte Preisuntergrenze**
  Neben dem Gewinn wird hier auf die teilweise Deckung derjenigen Kosten verzichtet, die überhaupt nicht oder nicht unmittelbar mit Ausgaben verbunden sind. Dazu zählen die kalkulatorische Eigenmiete sowie die kalkulatorische Abschreibung und die Verzinsung des betriebsnotwendigen Kapitals

(= restliche kalkulatorische Kosten). Weil bei Einzelunternehmungen der Betriebsinhaber in der Regel mittels Privatentnahmen seinen Lebensunterhalt bestreiten muss und somit in gewissen Abständen Liquidität abfließt, ist bei dieser Preisuntergrenze eine Deckung des kalkulatorischen Unternehmerlohns sicherzustellen.

Beispielrechnung:
Verzicht auf Gewinn und restliche kalkulatorische Kosten (20 %)

lohnabhängige Gemeinkosten (s. o.)	180 % =	46,12 €/Tür
restliche kalkulatorische Kosten	20 % =	5,12 €/Tür

Selbstkosten (Marktpreis – Gewinn)	104,00 €/Tür
– restliche kalkulatorische Kosten	– 5,12 €/Tür
= gemäßigte ausgabenorientierte Preisuntergrenze	**98,88 €**/Tür

- **Gemäßigte Preisuntergrenze**
  Als gemäßigte Preisuntergrenze bezeichnet man im Maler- und Lackiererhandwerk jene Schwelle, bei der auf die Deckung aller *kalkulatorischen Kosten* verzichtet wird. Bei einer GmbH entspricht diese Preisuntergrenze der gemäßigten ausgabeorientierten Preisuntergrenze, wenn das Geschäftsführergehalt kalkulatorisch in gleicher Höhe wie in der Finanzbuchhaltung angesetzt wird.

Beispielrechnung:
Verzicht auf Gewinn und die kalkulatorischen Kosten (50 %)

lohnabhängige Gemeinkosten (s. o.)	180 % =	46,12 €/Tür
kalkulatorische Kosten	50 % =	12,81 €/Tür

Selbstkosten (Marktpreis – Gewinn)	104,00 €/Tür
– kalkulatorische Kosten	–12,81 €/Tür
= gemäßigte Preisuntergrenze	**91,19 €**/Tür

Die gemäßigte Preisuntergrenze lässt sich noch etwas verschärfen, wenn zusätzlich auf die Deckung der nicht kurzfristig *ausgabewirksamen* Fixkosten verzichtet wird, wie z. B. der einmal jährlich anfallenden KFZ-Steuern. Man bezeichnet diesen Wert dann als *ausgabenorientierte* oder *liquiditätsorientierte* Preisuntergrenze.

- **Absolute Preisuntergrenze**
  Die absolute Preisuntergrenze liegt dort, wo mindestens die leistungsabhängigen Kosten (Einzelkosten und variable Gemeinkosten) durch den Preis gedeckt sind. Auf eine Deckung der zeitabhängigen Gemeinkosten wird hier verzichtet, weil diese auch anfallen, wenn der konkrete Auftrag nicht zur Ausführung kommt. Jeder Auftrag, der über dieser absoluten Preisuntergrenze liegt, liefert aber immer noch einen Beitrag zur Deckung der Fixkosten. Aufträge, bei denen auf eine Deckung der Fixkosten vollständig verzichtet wird, dürfen natürlich nur in ganz außergewöhnlichen Einzelfällen angenommen werden.

Beispielrechnung:
Verzicht auf Gewinn und alle zeitabhängigen Gemeinkosten (88 %)

lohnabhängige Gemeinkosten (s. o.)	180 %	=	46,12 €/Tür
zeitabhängige Gemeinkosten	88 %	=	22,55 €/Tür
Selbstkosten (Marktpreis – Gewinn)			104,00 €/Tür
– zeitabhängige Gemeinkosten			–22,55 €/Tür
= absolute Preisuntergrenze			**81,45 €**/Tür

C. Vertragsabschluss

I. Grundlagen des Baurechts

1. Werkvertragsrecht nach BGB

Das BGB regelt in den §§ 631 ff. BGB die Rechtsbeziehung zwischen Auftraggebern und Auftragnehmern bei *Werkverträgen*. Werkverträge sind alle Verträge, die die Herstellung oder Veränderung eines Werkes zum Gegenstand haben. Es wird immer ein bestimmter Erfolg, beispielsweise eine fachgerechte Tapezierung mit Glasvlies, geschuldet.

Für *Bauverträge*, die die Herstellung bzw. Wiederherstellung, die Beseitigung, den Umbau oder wesentliche Instandhaltungsmaßnahmen von Bauwerken zum Gegenstand haben, gelten *zusätzlich* die speziellen Vorschriften der §§ 650a ff. Zum Schutz von Verbrauchern bei Neu- und erheblichen Umbaumaßnahmen wurde außerdem der sogenannte *Verbraucherbauvertrag* (§ 650i bis § 650n) geschaffen (vgl. Seite 58).

a) Pflichten des Auftragnehmers

Bei jedem Werkvertrag besteht die Hauptleistungspflicht des *Auftragnehmers* in der Herstellung des Werkes, sodass es frei von Sach- und Rechtsmängeln ist. Ein *Sachmangel* liegt nach § 633 BGB in folgenden Fällen vor:

- Wenn die vertraglich vereinbarte Beschaffenheit des Werks fehlt.
  BEISPIEL: Statt der vom Auftraggeber gewünschten und im Leistungsverzeichnis angegebenen Korngröße von 3 mm wird ein Putz mit 1 mm aufgetragen.
- Ohne Beschaffenheitsvereinbarung, wenn sich das Werk nicht für die vertraglich vorausgesetzte Verwendung eignet.
  BEISPIEL: Die ausgeführte Fußbodenbeschichtung ist nicht chemikalienbeständig, obwohl sie ausdrücklich für ein chemisches Labor bestimmt ist.
- Ohne Beschaffenheits- und Verwendungsvereinbarung, wenn sich das Werk nicht für die gewöhnliche Verwendung eignet oder die übliche Beschaffenheit fehlt.

Beschaffenheitsvereinbarungen in Leistungsverzeichnissen sind nicht zu verwechseln mit einer Beschaffenheitsgarantie. Jedem Unternehmer ist zu raten, den Begriff »Beschaffenheits*garantie*« **nicht** zu verwenden, weil dann in jedem Fall eine verschuldensunabhängige Schadensersatzpflicht besteht.

Die Hauptleistungspflicht eines Werkvertrages wird ergänzt durch eine ganze Reihe von weiteren Pflichten, die ein erhebliches Risiko- und Streitpotenzial enthalten können. Bei Werkverträgen, die nur auf den Regelungen des BGB beruhen, ergeben sich die weiteren Pflichten aus dem Grundsatz von Treu und Glauben. Zur Bestimmung dessen, was hier zu den zusätzlichen Pflichten gehört, orientieren sich jedoch die Gerichte häufig an der VOB. Dazu zählen insbesondere:

1. Sorgfaltspflicht
2. Schutz- und Erhaltungspflicht
3. Prüfungs- und Hinweispflicht
4. Beratungspflicht
5. Kooperationspflicht
6. Verkehrssicherungspflicht
7. Koordinierungspflicht

Die genannten Pflichten überschneiden sich zum Teil in ihrer konkreten Ausgestaltung. Grundsätzlich gilt jedoch, dass der Auftragnehmer seine Fachkunde sowohl auf die eigene Leistung als auch auf andere am Bau Beteiligte anzuwenden hat. So findet die Erfüllung der *Prüfungs- und Hinweispflicht* (bei BGB- und VOB-Verträgen) ihren Ausdruck in der Anmeldung von Bedenken.

b) Pflichten des Auftraggebers

Der Auftraggeber hat das bestellte und vertragsgemäß hergestellte Werk abzunehmen und die vereinbarte Vergütung zu bezahlen (weitere Pflichten des Auftraggebers vgl. Seite 108 ff.).

Mit der Abnahme erkennt der Auftraggeber an, dass die Leistung in der Hauptsache vertragsgemäß erfüllt ist. Wegen unwesentlicher Mängel kann die Abnahme nicht verweigert werden. Als unwesentliche Mängel gelten z. B. einige Farbspritzer auf Türen beim Dispersionsfarbenanstrich der Wände, die im Rahmen der Nachbesserung beseitigt werden können.

Die Abnahme ist für den Auftragnehmer insbesondere deshalb von Bedeutung, weil

1. die Verjährung der Mängelansprüche mit der *Abnahme* beginnt,
2. der Auftraggeber für *bekannte*, bei der Abnahme nicht vorbehaltene, Mängel das Recht auf Nachbesserung bzw. Selbstvornahme verliert und auch

nicht mehr vom Vertrag zurücktreten oder Minderung verlangen kann (§ 640 Abs. 3 BGB),
3. die Gefahr der Beschädigung oder Zerstörung auf den Auftraggeber übergeht und
4. die Schlusszahlung fällig wird.

Die *Vergütung* beim Werkvertrag erfolgt gewöhnlich nach den vereinbarten Preisen in Angeboten und Kosten(vor)anschlägen. Allerdings sind nach dem BGB die Vertragspartner nicht verpflichtet, die Höhe der Vergütung festzulegen. Dies ist üblich, wenn es sich um Reparaturen oder Kleinaufträge handelt. Sind keine Preise vereinbart, gelten die (am Markt) üblichen Preise.

Nach § 632 Abs. 3 BGB sind *Kostenanschläge* nicht zu vergüten, es sei denn, dies wird ausdrücklich vereinbart. Bei Kostenanschlägen, die ohne ausdrückliche Gewähr der Richtigkeit erstellt werden, handelt es sich lediglich um eine unverbindliche fachmännische Kostenberechnung, die nicht Vertragsbestandteil wird. Eine unwesentliche Überschreitung dieser Kostenberechnung ist immer möglich. Liegt jedoch eine wesentliche Überschreitung vor, hat der Auftragnehmer den Auftraggeber unverzüglich zu informieren. Der Auftraggeber kann dann den Vertrag kündigen (§ 649 BGB). Von einer wesentlichen Überschreitung kann dann ausgegangen werden, wenn mit Kostenerhöhungen von mehr als 10–20 % zu rechnen ist. Unter einem *verbindlichen* Kostenvoranschlag versteht man die Unterbreitung eines konkreten Angebots, das nicht überschritten werden darf. Durch einen entsprechenden Hinweis kann auch in einem Angebot die Unverbindlichkeit der Massen vereinbart werden (z. B. circa 500 m²). Eine unwesentliche Überschreitung der Positionssummen ist dann aufgrund höherer tatsächlicher Massen möglich.

c) Mängelansprüche

Die folgende Darstellung (Seite 56) gibt einen Überblick über die Mängelansprüche des Bestellers (Auftraggebers).

Der Anspruch auf Ersatz von Mangelfolgeschäden (z. B. Mietausfälle), die durch eine Mängelbeseitigung nicht verhindert werden können, besteht unabhängig von einer Fristsetzung. Darüber hinaus gibt es nach dem neuen § 648a BGB ein beiderseitiges Kündigungsrecht aus wichtigem Grund.

Mängelansprüche aus Werkleistungen verjähren gemäß §634a BGB fünf Jahre nach der Abnahme; bei einfachen Renovierungs- und Instandsetzungsarbeiten nach zwei Jahren. Nach §309 Nr. 8b ff. BGB darf die fünfjährige Frist in den Allgemeinen Geschäftsbedingungen bei Verträgen mit Verbrauchern (Privatkunden) nicht verkürzt werden.

Die Hersteller- oder Lieferantenhaftung für mangelhaft geliefertes Material wurde auf die Aus- und Einbaukosten erweitert. Es besteht nun eine Haftung bei mangelhaft geliefertem Material auch für das Entfernen und das Wiederanbringen von Belägen, Beschichtungen, Putzen, WDVS, usw. Die Haftung erstreckt sich auf einen Zeitraum von maximal fünf Jahren.

2. Der Bauvertrag nach BGB

Dem auf einen längeren Zeitraum angelegten Bauvertrag genügen die allgemeinen Regelungen zum Werkvertrag nicht in ausreichendem Maße. Aus diesem Grunde wurde der Bauvertrag als spezielle Form des Werkvertrags neu geregelt. Zur Anwendung kommen die Vorschriften der §§ 650a ff. aber nur bei der Neuherstellung, bei **wesentlichen** Instandsetzungsmaßnahmen zur Wiederherstellung der ursprünglichen Bausubstanz und bei der Beseitigung oder dem Umbau von Bauwerken. Die Abgrenzung zwischen einfachen Werkverträgen und Bauverträgen orientiert sich an der Unterscheidung des § 634a Abs. 1 BGB zwischen Arbeiten an Bauwerken und Renovierungs- und Reparaturarbeiten (vgl. Seite 153).

Die folgende Darstellung vermittelt einen Überblick über die verschiedenartigen Werkverträge und ihre Rechtsgrundlagen:

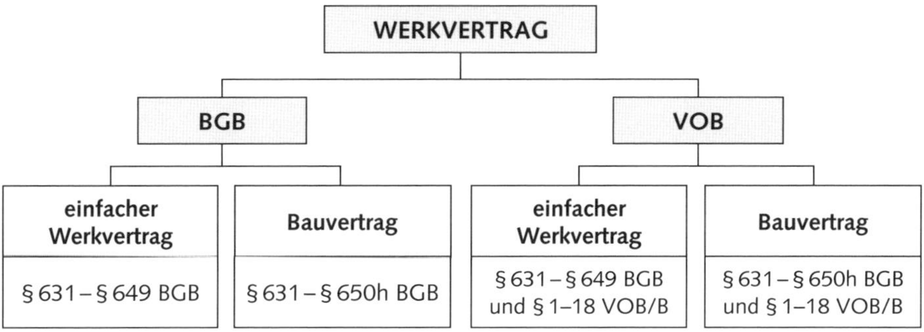

Das Bauvertragsrecht ergänzt das allgemeine Werkvertragsrecht. In den §§ 650a-h wird insbesondere Folgendes geregelt:

- Das *Anordnungsrecht* des Auftraggebers (§ 650b BGB)
  Der Auftraggeber kann Änderungen zur Erreichung des bereits vereinbarten Werkerfolgs (z. B. zusätzlicher Anstrich) als auch Änderungen am vereinbarten Leistungsziel (z. B. Material, Farbe, Technik) anordnen (vgl. S. 108 f.).
- Die *Vergütung bei einseitigen Anordnungen* des Auftraggebers nach § 650b Abs. 2 BGB wird in § 650c BGB geregelt. Können die Parteien sich nicht über die Nachtragsvergütung einigen, ist der Auftragnehmer berechtigt, nach Ausführung der Leistungen 80 % der in seinem Nachtragsangebot enthaltenen Mehrvergütung als Abschlagszahlung abzurechnen.
- Die Regelungen zur *Bauhandwerkersicherung* (bisher § 648a) gelten im Wesentlichen weiterhin im Rahmen von Bauverträgen nach BGB und VOB und sind nun in § 650f geregelt (vgl. Seite 139 f.). § 650f gilt nicht bei *Verbraucherbauverträgen* oder Bauträgerverträgen.
- Verweigert der Auftraggeber die Abnahme unter Angabe von Mängeln, hat er auf Verlangen des Auftragnehmers an einer gemeinsamen Feststellung des

Zustandes mitzuwirken (*Zustandsfeststellung*). Bleibt der Kunde (Auftraggeber) ohne wichtigen Grund unentschuldigt dem vereinbarten Termin oder einem vom Auftragnehmer innerhalb einer angemessenen Frist bestimmten Termin fern, kann der Auftragnehmer die Zustandsfeststellung auch alleine vornehmen (§ 650g Abs. 1 und 2).
- Nach § 650g Abs. 4 BGB ist bei einem Bauvertrag neben der Abnahme eine prüffähige *Schlussrechnung* Voraussetzung für den Zahlungsanspruch.
- Eine *Kündigung* des Bauvertrags bedarf immer der Schriftform (§ 650h BGB).

Der **Verbraucherbauvertrag** ist eine Sonderform des Bauvertrags nach BGB und wird in den §§ 650i bis 650n geregelt. Als Verbraucherbauvertrag gelten Verträge, bei denen der Auftraggeber ein Verbraucher (§ 13 BGB) ist und es sich um den Bau eines **neuen** Gebäudes (nicht nur eines Anbaus) oder **erhebliche** Umbauarbeiten (z. B. Kernsanierung von Gebäuden) handelt. Das betrifft in erster Linie Schlüsselfertigbau und Generalunternehmerverträge.
Dem Verbraucher steht ein Widerrufsrecht zu, außer der Vertrag wurde notariell beurkundet. Die Widerrufsfrist beträgt zwei Wochen. Die Frist läuft allerdings nur, wenn der Auftragnehmer den Verbraucher über seinen Widerruf schriftlich belehrt hat.

Hinweis
Wer als Auftragnehmer nur ein *einzelnes* Gewerk für einen Verbraucher erbringt, schließt keinen Verbraucherbauvertrag ab.

3. Die Vergabe- und Vertragsordnung für Bauleistungen (VOB)

a) Grundsätzliches

Es hat sich schon zu Beginn des letzten Jahrhunderts gezeigt, dass die Regelungen des BGB den Bedürfnissen im Baubereich nicht immer gerecht werden. Bei der Suche nach Vertragsformen, die den Verhältnissen am Bau entsprechen, wurde zwischen 1921 und 1926 die erste *Vergabe- und Vertragsordnung für Bauleistungen* (früher Verdingungsordnung für Bauleistungen) erarbeitet und am 6. 5. 1926 beschlossen. Das Ziel war es, im Baurecht einheitliche Grundsätze und Vorschriften zu schaffen, die einen gerechten Interessenausgleich zwischen dem Bauherrn (Auftraggeber) und dem Auftragnehmer darstellen.
Die folgende Darstellung gibt einen Überblick über den Inhalt und die Gliederung der VOB.

TEIL A
(DIN 1960)

Allgemeine Bestimmungen für die Vergabe von Bauleistungen

Teil A der VOB regelt das Verfahren bei der Vergabe von Bauleistungen *bis* zum Abschluss eines Bauvertrages. Die VOB/A ist für öffentliche Auftraggeber verbindlich.

TEIL B
(DIN 1961)

Allgemeine Vertragsbedingungen für die Ausführung von Bauleistungen

Teil B der VOB regelt die rechtlichen Beziehungen der Vertragspartner *nach* Abschluss eines Bauvertrags bis zu Erfüllung aller Vertragspflichten. Die VOB/B wird dann Vertragsbestandteil, wenn die Parteien sie ausdrücklich vereinbart haben.

TEIL C
(DIN 18299 – DIN 18459)

Allgemeine Technische Vertragsbedingungen für Bauleistungen (ATV)

VOB/C wird immer Vertragsbestandteil, wenn die VOB/B vereinbart wurde.
Hinweis: Bei Verbrauchern gelten jedoch die Aufmaßregeln im Abschnitt 5 nur, wenn diese rechtswirksam vereinbart wurden.
ATV-Beispiele:
DIN 18299 »Allgemeine Regelungen für Bauarbeiten jeder Art«
DIN 18345 »Wärmedämm-Verbundsysteme«
DIN 18363 »Maler- und Lackierarbeiten – Beschichtungen«
DIN 18366 »Tapezierarbeiten«

Neben dem gesetzlichen Werk- und Bauvertragsrecht können bei Handwerkerleistungen zusätzlich die Vorschriften der VOB zur Anwendung kommen. Für die rechtswirksame Einbeziehung der VOB/B in einen Vertrag müssen zwei Voraussetzungen erfüllt sein. Weil die VOB/B als *Allgemeine Geschäftsbedingungen* (AGB) an die Stelle der entsprechenden gesetzlichen Vorschriften des BGB tritt, muss die Geltung der VOB gesondert vereinbart werden. Außerdem muss dem Vertragspartner des Verwenders die Möglichkeit verschafft werden, in zumutbarer Weise von ihrem Inhalt Kenntnis zu nehmen. Der bloße Hinweis »Als Vertragsgrundlage gilt die VOB Teil B« reicht normalerweise nur aus, wenn es sich bei dem Vertragspartner um einen Unternehmer im Sinne des § 14 BGB handelt. Ein Aushändigen des VOB-Textes ist nur auf Verlangen notwendig.
Ist der Auftraggeber eines Handwerkers jedoch ein **Verbraucher** bzw. ein in Bausachen unkundiger anderer Handwerker, gelten allerdings höhere Hürden beim Zustandekommen eines VOB-Werkvertrages. Nicht ausreichend ist der Hinweis im Angebot, den Text der VOB/B in den Geschäftsräumen einzusehen oder auf Wunsch kostenlos zuschicken zu lassen. Um einen Werkvertrag auf VOB-Basis rechtsgültig zu begründen, ist nach derzeitiger Rechtsprechung dem bauunkundigen gewerblichen und privaten Auftraggeber stets der volle Text der VOB/B zu übergeben oder zu übersenden. Dies geschieht am besten durch das Anheften von Formularausfertigungen oder einer gedruckten Textfassung an die übrigen Vertragsunterlagen. Es ist auch möglich, den Text der VOB auf der Rückseite des Angebots abzudrucken und auf der Vorderseite einen ausdrücklich und deutlich erkennbaren Hinweis zu geben. Allerdings gilt die sog. *Privilegierung der VOB/B*, nach der die einzelnen Bestimmungen der VOB/B nicht auf ihre Vereinbarung mit den AGB-Klauseln des BGB überprüft werden (vgl. unten), nicht gegenüber Verbrauchern (Privatkunden). Aus diesem Grunde raten viele Juristen, mit privaten Auftraggebern nur Verträge auf der Basis des BGB abzuschließen.

Allgemeine Geschäftsbedingungen unterliegen den Vorschriften der §§ 305 ff. BGB. Diese schützen denjenigen Vertragspartner vor unangemessener Benachteiligung, dem diese Vertragsbedingungen vorgegeben (gestellt) werden. AGB-widrige Regelungen, die den Vertragspartner des Verwenders unangemessen benachteiligen, werden unwirksam. Eine unangemessene Benachteiligung kann sich auch daraus ergeben, dass die Bestimmungen nicht klar und verständlich sind (Transparenzgebot). Die AGB haben sich an die Fähigkeit und Kenntnisse des Kunden anzupassen.

Ist die VOB/B »als Ganzes« vereinbart, unterliegt sie nach bisheriger Rechtsprechung nicht der Inhaltskontrolle nach § 307ff BGB, weil die Interessen der Vertragparteien als im Wesentlichen ausgewogen angesehen werden. Der BGH hat jedoch klargestellt, dass jede vertragliche Abweichung von der VOB/B als Störung dieses Interessenausgleichs zu bewerten ist. Liegen also auch nur geringfügige inhaltliche Abweichungen von der VOB vor, dann sind alle Regelungen eines solchen Vertragswerks – auch die übernommenen VOB-Klauseln – auf ihre Vereinbarkeit mit dem AGB-Recht zu überprüfen. Zu unterscheiden ist allerdings, wer die VOB in das Vertragswerk einbezogen (verwendet) hat. Ist der Handwerker als Auftragnehmer »Verwender« der VOB, dann hält beispielsweise die verkürzte Gewährleistungsfrist nach § 13 Abs. 4 VOB/B einer Inhaltskontrolle nicht mehr stand, mit der Folge, dass die gesetzliche Frist von fünf Jahren wieder zur Geltung kommt. Auch der Auftragnehmer als Verwender der VOB/B tut gut daran, diese ohne jede Änderung seinen Bauverträgen zugrunde zu legen, weil die Inhaltskontrolle immer nur zugunsten des Vertragspartners (hier des Auftraggebers) stattfindet.

Eine Prüfung der VOB/B hinsichtlich ihrer Vereinbarkeit mit den AGB-Vorschriften des BGB findet auch bei der Verwendung der VOB »als Ganzes« gegenüber einem privaten Auftraggeber statt, es sei denn, dieser will von sich aus die VOB vereinbaren. Im Streitfall muss aber der Unternehmer beweisen, dass dies vom privaten Auftraggeber gewünscht wurde.
Sind jedoch einzelne Vertragsbedingungen zwischen den Vertragsparteien individuell ausgehandelt worden, spricht man von *Individualvereinbarungen*. Diese unterliegen nicht der Inhaltskontrolle des AGB-Rechts. Allerdings hat die Rechtsprechung für das »Aushandeln« hohe Hürden gesetzt. So genügt es nicht, dass die Parteien über eine Klausel nur sprechen oder vom Auftraggeber einfach vorgegebene Lücken im *Verhandlungsprotokoll* handschriftlich ausgefüllt oder angekreuzt werden. Die getroffenen Regelungen müssen ernsthaft zur Disposition stehen. Von einem »Aushandeln« kann man also nur dann sprechen, wenn der Auftragnehmer einen Gestaltungsspielraum hat und die Regelungen in seinem Sinne ändern kann. Die Beweislast dafür trägt der Verwender solcher Verhandlungsprotokolle.

b) Allgemeine Technische Vertragsbedingungen

Die Allgemeinen Technischen Vertragsbedingungen für Bauleistungen (ATV) sind das Herzstück der technischen Vorschriften innerhalb der VOB. Alle ATV sind in folgende sechs Abschnitte gegliedert:

0 – Hinweise für das Aufstellen der Leistungsbeschreibung,
1 – Geltungsbereich,
2 – Stoffe, Bauteile,
3 – Ausführung,
4 – Nebenleistungen, Besondere Leistungen,
5 – Abrechnung.

Eine besondere Stellung nimmt die ATV DIN 18299 ein, weil sie den eigentlichen Regelungen vorgeschaltet ist. Sie fasst diejenigen Vorschriften zusammen, die einheitlich für alle Gewerke gelten. Die DIN 18299 wird – wie die anderen ATV DIN 18300 ff. – Bestandteil des Bauvertrags, wenn die VOB rechtswirksam vereinbart wird. Soweit die ATV 18300 ff. abweichende Regelungen enthalten, gehen diese der ATV DIN 18299 vor.

Weil der BGH die ATV und insbesondere die **Abrechnungsregeln** als Allgemeine Geschäftsbedingungen klassifiziert, bestehen zu deren wirksamer Vereinbarung bei Verträgen mit Verbrauchern erhöhte Anforderungen. Wer sicher gehen will, dass die Abrechnungsregeln der betroffenen ATV auch bei Verträgen mit privaten Auftraggebern zweifelsfrei zur Anwendung kommen, sollte diese stets gesondert vereinbaren und den Text der jeweiligen Abschnitte 5 aushändigen.

Eine wichtige Funktion übernimmt die DIN 18299 im Abschnitt 4. Dort werden die Begriffe Nebenleistungen und Besondere Leistungen definiert und mit konkreten, für alle Gewerke gültigen Sachverhalten versehen.

Nebenleistungen sind Leistungen, die auch ohne Erwähnung im Vertrag zur vertraglichen Leistung gehören. Für diese wird eine besondere Vergütung in der Regel nicht gewährt, sie sind deshalb im Einheitspreis mit einzukalkulieren. Dazu zählt z. B. das fachgerechte Entsorgen von Abfall aus dem Bereich des Auftraggebers bis zu einem Kubikmeter, soweit der Abfall nicht schadstoffbelastet ist. Unter Abfall im Sinne dieser Vorschrift ist insbesondere an unbelasteten Bauschutt zu denken, der sich durch Stemmen von Schlitzen, Entfernen von Beschichtungen und Tapeten, Wandbespannungen, Belägen und dergleichen ergibt.

Die DIN 18299 schreibt allerdings die Erwähnung von Nebenleistungen in der Leistungsbeschreibung vor, wenn ihre Kosten von erheblicher Bedeutung für die Preisbildung sind. In diesen Fällen sind besondere Positionen im Leistungsverzeichnis vorzusehen. Zu denken ist dabei insbesondere an das Einrichten und Räumen der Baustelle und besondere Anforderungen an Zufahrten, Lager- und Stellflächen.

Besondere Leistungen sind Leistungen, die nicht Nebenleistungen sind und nur dann zur vertraglichen Leistung gehören, wenn sie in der Leistungsbeschreibung besonders erwähnt sind. Zu den Besonderen Leistungen gehören beispielsweise das Entsorgen von Sonderabfall aus dem Bereich des Auftraggebers oder das Entfernen alter Beschichtungen und Bekleidungen (DIN 18299 Abschnitt 4.2.13 bzw. DIN 18363 Abschnitt 4.2.12).
Erweisen sich im Vertrag nicht vorgesehene Besondere Leistungen nachträglich als erforderlich, so sind sie zusätzliche Leistungen nach §1 Abs. 4 VOB/B und müssen gemäß §2 Abs. 6 VOB/B *vor* Ausführungsbeginn vereinbart werden.

Schließlich ist noch darauf hinzuweisen, dass die technischen Bestimmungen der VOB/C auch für **BGB**-Verträge gelten, sofern sie für eine fachgerechte und fehlerfreie Leistung von Bedeutung sind.

4. Vertragsarten und Vergabearten

Das Werkvertragsrecht kennt verschiedene Vertragsarten. Folgende Übersicht stellt die Vertragsarten nach §4 VOB/A schematisch dar:

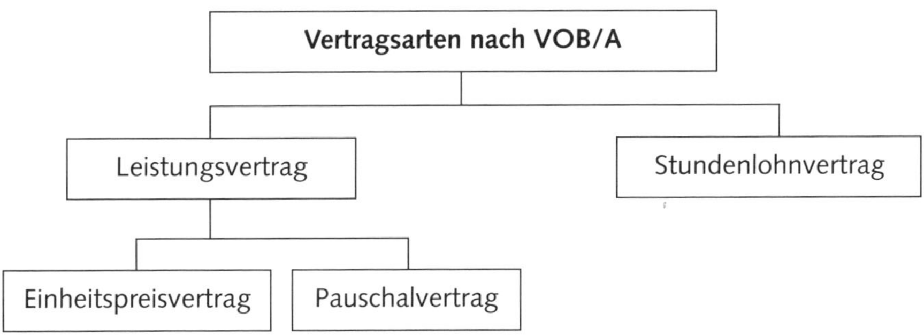

a) Einheitspreisvertrag

Der Regelfall des *Leistungsvertrags* ist der *Einheitspreisvertrag*. Der Positionspreis errechnet sich durch die Multiplikation der Mengen mit dem jeweiligen Einheitspreis. Die Gesamtsumme ergibt sich aus der Addition der ermittelten Positionspreise. Charakteristisch für den Einheitspreisvertrag ist, dass sich die Vergütung nicht nach den im Leistungsverzeichnis ausgewiesenen Mengen, sondern nach den tatsächlich ausgeführten bemisst. Die im Leistungsverzeichnis aufgeführten Mengen sind also nur ein mehr oder weniger genauer Anhalts-

punkt für den voraussichtlichen Leistungsumfang. Verbindlich sind dagegen die beschriebene Leistung und der Einheitspreis.
Bei der Abrechnung nach Einheitspreisen trägt der Auftragnehmer die Beweislast für den Umfang der tatsächlich erbrachten Leistungen. Nach § 14 VOB/B hat deshalb der Auftragnehmer für Leistungen, die bei Weiterführung der Arbeiten nur schwer feststellbar sind (z. B. Ausbesserungen im Putzbereich bei nachfolgender Beschichtung, Instandsetzung von Aufbrüchen im Beton), rechtzeitig die gemeinsame Leistungsfeststellung (z. B. in Form eines Aufmaßes) zu beantragen. Dies empfiehlt sich ebenso bei einem Werkvertrag nach **BGB**.
Von einem gemeinsamen, die Vertragsparteien bindenden *Aufmaß* kann grundsätzlich nur dann gesprochen werden, wenn beide Vertragspartner oder ihre Bevollmächtigten an diesem mitgewirkt haben. Entsendet der Auftraggeber seinen Architekten ohne rechtsgeschäftliche Vertretungsmacht zu einer gemeinsamen Leistungsfeststellung (Aufmaß), so gelten die von ihm bestätigten Leistungen zumindest im Sinne einer Beweiserleichterung als erbracht. Weigert sich der Auftraggeber an der gemeinsamen Erstellung eines Aufmaßes mitzuwirken, kann der Auftragnehmer dieses auch alleine vornehmen, mit der Folge, dass nun die Beweislast für die Unrichtigkeit beim Auftraggeber liegt.
Ein Einheitspreisvertrag kann neben Positionen mit Mengenansätzen, Einheitspreisen und Positionspreisen auch einzelne Positionen mit *Pauschalpreisen* enthalten. Die angegebenen Pauschalsummen für einzelne Positionen sind dann Festpreise. Das Instrument der Pauschalierung einzelner Positionen kann einerseits dort eingesetzt werden, wo die Preisermittlung dies sachlich erfordert (z. B. Baustelleneinrichtung) oder die Kalkulation von Einheitspreisen zu aufwendig ist. Andererseits bedient man sich solcher Pauschalpositionen, um bei vorheriger Massenermittlung zu verhindern, dass Mitbewerbern die Preisermittlung bei Weitergabe des Leistungsverzeichnisses durch den potenziellen Auftraggeber allzu sehr erleichtert wird. Außerdem gewinnt vor dem Hintergrund der rechtlichen Anforderungen an ein VOB-konformes Aufmaß beim Privatkunden die Pauschalierung von einzelnen Positionen zunehmend an Bedeutung.

b) Pauschalvertrag

Der *Pauschalvertrag* ist die Ausnahme im Rahmen des Leistungsvertrags. Nach § 4 VOB/A sind die Voraussetzungen für den Abschluss von Pauschalverträgen zum einen eine *genaue Bestimmbarkeit der Leistung* nach Ausführungsart und Umfang und zum anderen, dass mit einer *Änderung* bei der Ausführung *nicht* zu rechnen ist. Diese Einschränkung, die jedoch für den privaten Auftraggeber nur eine Empfehlung darstellt, ist insofern von Bedeutung, weil nicht der jewei-

lige Einheitspreis, sondern der Angebots*end*preis im Voraus für zukünftig zu erbringende Leistungen festgelegt wird.
Pauschalpreise können sowohl für Gesamtleistungen (*Global-Pauschalvertrag*) als auch für Teile einer Leistung vereinbart werden. Charakteristisch für Global-Pauschalverträge ist, dass nur das Leistungsziel definiert wird, die erforderlichen Leistungen aber nicht genau festgelegt sind. Die häufigste Form von Pauschalverträgen im Malerhandwerk und in verwandten Gewerken ist die nachträgliche Pauschalierung. Auf der Basis eines detailliert ausgearbeiteten Einheitspreisvertrags wird für klar abgrenzbare Teilleistungen oder den Gesamtauftrag eine Pauschalsumme vereinbart (*Detail-Pauschalvertrag*). Dies kann für beide Vertragspartner von Vorteil sein, da für den Auftragnehmer die Abrechnung erheblich vereinfacht wird und der Auftraggeber mit einer im Voraus feststehenden Auftragssumme rechnen kann.
Im Rahmen von Pauschalverträgen können sich für die Vertragspartner erhebliche Risiken ergeben. Die *Vergütung* von vereinbarten Pauschalpreisen bleibt nämlich *grundsätzlich unverändert*. Dem Wesen des Pauschalvertrags entspricht, dass ein bestimmter Leistungserfolg gegen eine pauschale Vergütung versprochen wird, wobei die Beschreibung des Leistungsumfangs mehr oder weniger exakt bestimmt sein kann. Eine Änderung der Vergütung erfolgt deshalb nicht schon dann, wenn sich zur Erfüllung der vereinbarten Leistung Mehr- oder Minderaufwendungen ergeben.
Weicht aber die ausgeführte Leistung von der vertraglich vorgesehenen Leistung so erheblich ab, dass ein Festhalten an der Pauschalsumme *unzumutbar* ist, sieht §2 Abs. 7 VOB/B einen Ausgleich für die Mehr- oder Minderkosten vor. In den meisten Fällen wird es sich dabei um Mengenmehrungen oder -minderungen handeln. Entscheidend sind aber nicht Mengenabweichungen in einzelnen Positionen, sondern Änderungen des Gesamtpauschalbetrags. Juristisch gesehen handelt es sich hier um eine Störung der Geschäftsgrundlage, die aber nur auf Verlangen eines Vertragspartners zu einer Preisänderung führen kann. Die Anforderungen an die Zumutbarkeit von Leistungsänderungen bei Pauschalverträgen sind jedoch umso größer, je eher ein Abweichen vom vorgesehenen Leistungsumfang beim Vertragsabschluss vorhersehbar war. So hat die Rechtsprechung in konkreten Einzelfällen Erhöhungen des gesamten Leistungsaufwands von 20 Prozent noch als zumutbar für den Auftragnehmer angesehen.

Nach §2 Abs. 7 Nr. 2 VOB/B gelten die Vergütungsvorschriften des §2 Abs. 4 bis Abs. 6 VOB/B auch für den Pauschalvertrag. Daraus ergibt sich, dass auch Pauschalpreise verändert werden können,

- wenn der Auftraggeber nachträglich Leistungen selbst übernimmt oder Baustoffe selbst liefert (§ 2 Abs. 4),
- wenn Änderungen im Bauentwurf oder andere Anordnungen des Auftraggebers erfolgen (§ 2 Abs. 5),
- wenn zusätzliche, im Vertrag nicht vorgesehene Leistungen zu erbringen sind (§ 2 Abs. 6).

Zu beachten ist, dass der Auftragnehmer beim Detail-Pauschalvertrag nicht das Risiko der Unvollständigkeit oder Fehlerhaftigkeit der Planung des Auftraggebers trägt. Leistungsänderungen oder Zusatzleistungen, die daraus resultieren, können auch bei geringfügigen Preisänderungen zu einer Änderung des Pauschalpreises führen. Gleiches gilt für Änderungswünsche des Auftraggebers bei der Ausführung. Hat allerdings der Auftragnehmer das Leistungsverzeichnis selbst erstellt, trägt er die Beweislast dafür, dass Leistungsänderungen durch Anordnungen des Auftraggebers bzw. Zusatzleistungen nicht schon durch den Pauschalpreis erfasst sind.

Um das Risiko von Änderungen des Leistungsumfangs bei Pauschalpreisen zu minimieren, sollte Folgendes beachtet werden:

1. Schließen Sie Pauschalverträge möglichst nur auf der Basis einer detaillierten Leistungsbeschreibung ab.
2. Nehmen Sie im Bauvertrag – wenn möglich – den Vermerk auf, dass alle nicht im Vertrag angegebenen, aber notwendigen und zusätzlich geforderten Leistungen gesondert berechnet werden.
3. Besichtigen Sie bereits bestehende Objekte und nehmen Sie entsprechende Prüfungen vor (z. B. Untergrundprüfungen).
4. Kontrollieren Sie bei leistungsintensiven Positionen die Massen am Objekt oder aufgrund von Zeichnungen, da bei einem Pauschalvertrag die Verantwortung für das Mengenrisiko am weitesten reicht.

Das **BGB** kennt zwar keine eigenständige Regelung bei Mengenänderungen von Pauschalverträgen. Es ist aber davon auszugehen, dass die Hürde für Preisanpassungen ähnlich hoch gesteckt ist wie beim VOB-Vertrag.

c) Stundenlohnvertrag

Bauleistungen geringen Umfangs, die überwiegend Lohnkosten verursachen, können nach § 4 VOB/A auch im *Stundenlohnvertrag* vergeben werden. Diese Einschränkung gilt natürlich nicht für private Werk- und Bauverträge. Stundenlohnverträge zählen nicht zu den Leistungsverträgen, da nicht der Wert der erbrachten Leistung, sondern der Aufwand (insbesondere der Lohnaufwand) vergütet wird. Zu unterscheiden sind *selbständige* und *angehängte* Stundenlohnarbeiten. *Selbständige* Stundenlohnverträge werden bei kleineren Bauarbeiten (z. B. Reparaturen) vergeben und bilden einen in sich abgeschlossenen Auftrag. *Angehängte* Stundenlohnverträge sind Teil eines größeren Gesamtauftrags (Leistungsvertrag) und können entweder mit bestimmten Positionen im Leistungsverzeichnis (z. B. Entfernen alter Tapeten) aufgeführt oder als Zusatzaufträge extra vereinbart (und vergütet) werden.

Nach § 2 Abs. 10 VOB/B werden *Stundenlohnarbeiten nur dann vergütet, wenn* sie als solche *vor ihrem Beginn ausdrücklich vereinbart* worden sind. Die Vereinbarung muss ausdrücklich und unmissverständlich erfolgen, stillschweigende Absprachen oder reines Dulden der Arbeiten reichen normalerweise nicht aus. Als Vereinbarung von Stundenlohnarbeiten gilt auch nicht, wenn im Rahmen eines Einheitspreisvertrags in einer gesonderten Position *ohne* Leistungsangabe ein bestimmter Betrag und/oder eine bestimmte Zahl für Regiestunden vorgesehen ist. Wenn Stundenlohnvereinbarungen fehlen, so fehlt auch ein *Vergütungsanspruch* auf Stundenlohnbasis. Dies gilt auch dann, wenn für ausgeführte Arbeiten Stundenlohnzettel vom Bauleiter unterschrieben worden sind. Handelt es sich jedoch um im Vertrag nicht vorgesehene (§ 2 Abs. 6 VOB/B) oder zur Erfüllung des Vertrags notwendige Leistungen (§ 2 Abs. 8 VOB/B), dann besteht ein Vergütungsanspruch nach Einheitspreisen, wenn die Voraussetzungen für eine Vergütung überhaupt erfüllt sind.

In der Praxis ist nicht immer klar, ob der Architekt die Befugnis hat, zusätzliche Arbeiten auf Stundenlohnbasis zu vereinbaren. Weil der Umfang der *Architektenvollmacht* hinsichtlich der Erteilung auch kleinerer Zusatzaufträge von den Gerichten eher restriktiv ausgelegt wird, ist eine Bestätigung des erteilten Zusatzauftrages an den Auftraggeber aber in jedem Fall sinnvoll. Größere Zusatzarbeiten sollten ohnehin nur nach ausdrücklicher schriftlicher Vereinbarung mit dem Auftraggeber ausgeführt werden.

§ 15 VOB/B regelt die Höhe der Vergütung und die Rechte und Pflichten der Vertragspartner (vgl. Kapitel Auftragsausführung und -überwachung Seite 122 ff.). Alle Vorschriften des § 15 VOB/B können also nur dann zur Anwendung kommen, wenn die Voraussetzungen des § 2 Abs. 10 VOB/B (ausdrückliche Vereinbarung) gegeben sind. Fehlt es an Vereinbarungen über die Höhe der Vergütung, hat man sich an (orts)üblichen Vergütungssätzen zu orientieren.

Bei **BGB**-Verträgen kommt eine Abrechnung nach Stundenlohn auch ohne besondere Vereinbarung in Betracht, wenn dies für die entsprechende Leistung üblich oder aus kalkulatorischen Gründen sachgerecht ist.

d) Vergabearten nach VOB/A

Innerhalb der VOB/A Abschnitt 1 (Basisparagrafen), die für öffentliche Auftraggeber verbindlich ist, unterscheidet man vier verschiedene Vergabearten.

- Öffentliche Ausschreibung:
  Mit ihr wendet sich der Auftraggeber an eine unbeschränkte Anzahl von Unternehmen zur Einreichung von Angeboten. Nach § 3a Abs. 1 VOB/A muss sie stattfinden, wenn nicht die Eigenart der Leistungen oder besondere Umstände eine Abweichung rechtfertigen. Sie ist also der Regelfall der Ausschreibung und hat nach einem förmlichen Verfahren abzulaufen.
- Beschränkte Ausschreibung:
  Es wird nur eine begrenzte Zahl von Unternehmen zur Angebotsabgabe aufgefordert. Sie kann dann erfolgen, wenn
  (1) bestimmte Auftragswerte nicht überschritten werden (VOB 2016: 50.000 € für Ausbaugewerke),
  (2) durch eine Öffentliche Ausschreibung kein annehmbares Ergebnis erzielt wurde,
  (3) eine Öffentliche Ausschreibung aus anderen Gründen unzweckmäßig ist (z. B. wegen Dringlichkeit oder Geheimhaltung).
  Bei der Beschränkten Ausschreibung handelt es sich um ein zweistufiges Verfahren. In der 1. Stufe werden geeignete Unternehmen ausgewählt und in der 2. Stufe von diesen mindestens drei Bewerber zur Angebotsabgabe aufgefordert.
- Beschränkte Ausschreibung nach öffentlichem Teilnahmewettbewerb:
  Hier wird der Beschränkten Ausschreibung ein öffentlicher Teilnahmewettbewerb vorgeschaltet, bei dem ein unbeschränkter Bewerberkreis sein Interesse an der beabsichtigten beschränkten Ausschreibung bekunden kann.
- Freihändige Vergabe:
  Sie ist der Ausnahmefall und nur dann zulässig, wenn die Öffentliche oder Beschränkte Ausschreibung unzweckmäßig ist. § 3a Abs. 4 VOB/A nennt entsprechende Gründe für die Anwendung (z. B. besondere Erfahrung eines Unternehmens, Dringlichkeit, Geheimhaltung). Freihändige Vergabe ist immer möglich bis zu einem Auftragswert von 10.000 € ohne Umsatzsteuer.

II. Der Auftrag

1. Vertragsverhandlung und Vertragsabschluss

a) Vertragsverhandlung

Insbesondere bei größeren Aufträgen von gewerblichen und privaten Auftraggebern kommt es zur Vergabe erst nach Vertragsverhandlungen mit den Bietern. Die Ergebnisse der Verhandlung werden in einem *Verhandlungsprotokoll* festgehalten und von den Vertragsparteien unterzeichnet. Die Auftragsvergabe erfolgt dann i.d.R. erst nach Abschluss der Verhandlungen auf der Basis der abgegebenen Angebote und der Individualvereinbarungen. Bei kleineren Aufträgen genügt meist eine Auftragsbestätigung, in der alle vom Angebot abweichenden oder zusätzlichen Regelungen aufgeführt sind und vom Auftragnehmer unterzeichnet werden.

Für erfolgreiche Vertragsverhandlungen sollte man sich im Voraus mit möglichen Fragestellungen des (potenziellen) Auftraggebers und dessen Bevollmächtigten auseinandersetzen und strategische Überlegungen anstellen. Als Hilfestellung für Vertragsverhandlungen ist immer eine Checkliste sinnvoll, wie sie als **Download** vorliegt. Wichtige Aspekte sind beispielsweise die Zahl der einzusetzenden Mitarbeiter und die geplante Dauer der Abwicklung. Auch die verwendeten Materialien, ihre Eignung für das Objekt und eventuelle Alternativen muss man stets parat haben.

Darüber hinaus ist es unerlässlich, sich eigene Fragen zum Auftrag und zur Abwicklung bzw. zur Ausführungszeit zu notieren und beim Vergabegespräch anzusprechen. Manche Hinweise sind nicht nur für die Auftragsausführung wichtig, sondern können auch für Nachlässe von Bedeutung sein. Da man bei größeren Aufträgen um sogenannte Abgebote meist nicht herumkommt, sollte man sich überlegen, ob diese wie üblich pauschal von der Endsumme oder nur für bestimmte Positionen gewährt werden. Abschläge auf Stundenlohnarbeiten sind möglichst zu vermeiden, da dort oft nicht kostendeckend kalkuliert wurde, weil der Markt den Preis vorgibt.

Eine weitere Möglichkeit besteht im Splitting von Großaufträgen, z. B. in Innenarbeiten und Fassadenarbeiten oder WDVS, sodass man wenigstens denjenigen Teil ausführen kann, bei dem man im Bieterwettbewerb vorne ist. Auftraggeber

werden das zwar eher weniger von sich aus vorschlagen, aber warum nicht den Versuch unternehmen.
Bei Abschlagszahlungen (AZ) ist es hilfreich, wenn die 1. AZ auch als Pauschale möglich ist, also ohne Mengenberechnungen. Das muss aber ausdrücklich vereinbart werden, denn auch für AZ gilt, dass sie prüfbar sein müssen.
Daneben sollten im Vergabegespräch technische und rechtliche Fragestellungen geklärt werden sowie ein möglicher Nachunternehmereinsatz. Sind kurze Fristen bis zur Arbeitsaufnahme vorgesehen, kann dies ebenfalls problematisch sein oder sie bedürfen zumindest einer rechtzeitigen betrieblichen Planung. Und nicht zuletzt ist das Thema der Kostenumlagen und des damit verbundenen Zugangs zu Wasser und Energie anzusprechen.

b) Kostenumlagen

Zu den *Nebenleistungen* des Auftragnehmers zählt auch, den benötigten Baustrom und das benötigte Bauwasser selbst zu bezahlen und den von ihm verursachten Bauschutt zu entfernen. Aus Vereinfachungsgründen enthalten die AGB der Auftraggeber regelmäßig *Umlageklauseln* für die Bereitstellung von Baustrom, Bauwasser und Baucontainern. Die entstehenden Kosten werden als Pauschalen auf die Auftragnehmer umgelegt und von der Schlussrechnungssumme abgezogen. Solche Pauschalen sind nur dann zulässig, wenn der Auftragnehmer die Leistungen auch tatsächlich in Anspruch nimmt und diese angemessen sind. Außerdem muss er beim Baustrom und Bauwasser die Wahl haben, nach dem tatsächlichen Aufwand abzurechnen.

Im Rahmen von Vertragsverhandlungen sollte der Handwerker das Problem der Umlagen ansprechen und im Zweifel auf der verbrauchsabhängigen Abrechnung bestehen. Die Kosten für die Installation und Wartung von Zwischenzählern trägt dann der Auftragnehmer. Von der Bauschuttumlage sollte man sich befreien lassen und konsequent den verursachten Müll und Schutt sammeln und selbst entsorgen. Vertragsklauseln, die dem Auftragnehmer die Möglichkeit der eigenen Schuttbeseitigung entziehen, sind unwirksam. Sind pauschale Umlagen zwischen Auftraggeber und Auftragnehmer im Rahmen von Vergabeverhandlungen auch tatsächlich ausgehandelt, gelten diese als Individualvereinbarung.

Die *Bauleistungsversicherung* deckt insbesondere den Schaden der vertraglichen Leistung durch höhere Gewalt und andere unabwendbare Umstände ab. Sie kann vom Bauherrn selbst oder von den einzelnen Auftragnehmern abgeschlossen werden. Die Kosten der vom Bauherrn abgeschlossenen Versicherungen werden häufig wie der Baustrom mittels pauschalen Umlagen mit den Forderungen der einzelnen Auftragnehmer verrechnet. Der Abschluss einer Bauleistungsversicherung sollte vom Bauhandwerker immer erwogen werden, wenn der Auftraggeber keine derartige Versicherung abschließt und das Risiko bzw. die Auftragssumme erheblich ist. Dies gilt in besonderem Maße bei BGB-Verträgen, weil der Auftragnehmer bis zur Abnahme das volle Vergütungsrisiko bei Beschädigung oder Zerstörung der Leistung trägt.

Die Kosten der Umlagen spielen für die Kalkulation eine immer größere Rolle. Neben den genannten Umlagen werden bei Großbaustellen oft weitere pauschale Kostenbeteiligungen für Toiletten, Baustellenbewachung, Bauschilder, Baureinigung und Logistiker gefordert. So kann sich schnell ein Gesamtwert von 3 % bis 5 % der Auftragssumme ergeben.

c) Vertragsabschluss

Mit der Abgabe eines Angebots erklärt der Unternehmer, dass er die angegebenen Leistungen entsprechend den Vertragsbedingungen auszuführen bereit ist. Nimmt der Vertragspartner (Auftraggeber) dieses Angebot an, wird ein rechtsgültiger Werk- bzw. Bauvertrag geschlossen. Im öffentlichen Vergabeverfahren kommt der Vertrag schon durch den rechtzeitigen, unabgeänderten Zuschlag des Auftraggebers zustande. Eine weitere Erklärung des Bieters (Auftragnehmers) ist dann überflüssig.

Der wirksame Abschluss eines Werkvertrages ist grundsätzlich nicht an eine Form gebunden, kann also auch mündlich erfolgen. Auch die Erteilung des Zuschlags durch öffentliche Auftraggeber ist mündlich möglich, wenn die Schriftform nicht ausdrücklich vorgeschrieben wird.

Allerdings ist es ratsam, nicht nur bei Verträgen unter Einbeziehung der VOB, sondern auch bei BGB-Verträgen die Schriftform zu wählen. Mündliche Vereinbarungen und Zusagen des Auftraggebers sollten deshalb in einer Auftragsbestätigung (etwa als Dankschreiben) mit allen wesentlichen Vertragsinhalten nochmals schriftlich festgehalten werden. Gegenüber dem Privatkunden sind solche Auftragsbestätigungen eine Form der Wertschätzung.
Bei *Verbraucher**bau**verträgen* (siehe S. 58) ist immer eine aussagekräftige Baubeschreibung zu erstellen und dem Auftraggeber vor Vertragsabschluss auszuhändigen.

Nicht nur beim Abschluss von privaten Bauverträgen, sondern vor allem bei der Durchführung von Bauleistungen werden Vereinbarungen erst einmal in mündlicher Form getroffen und anschließend von einem der Vertragspartner gegenüber dem anderen schriftlich bestätigt. Grundsätzlich gilt die widerspruchslose Entgegennahme von sogenannten *kaufmännischen Bestätigungsschreiben* unter Personen, die in erheblichem Umfang am Geschäftsleben teilnehmen, als Annahme. Zu diesen Personen zählt auch der Maler oder Stuckateur mit ein oder zwei Gesellen. Auch die Erfüllungsgehilfen des Handwerkers (Gesellen, Vorarbeiter, Baustellenleiter) sind normalerweise berechtigt, kaufmännische Bestätigungsschreiben bereits erteilter mündlicher Vereinbarungen zu unterzeichnen.

Dem Bestätigungsschreiben kommt in der Baupraxis vor allem bei der Erteilung von Zusatzaufträgen und Änderungsanordnungen durch den Auftraggeber oder Architekten eine besondere Bedeutung zu. Jedem Auftragnehmer ist zu raten, solche mündlich getroffenen Vereinbarungen schriftlich zu bestätigen. Bei der Beauftragung durch einen Architekten gehen das Original an den Auftraggeber und eine Kopie an den Architekten. Widerspricht der Auftraggeber nicht innerhalb von drei bis fünf Tagen, gilt die Beauftragung als vereinbart. Auch *Verhandlungsprotokolle* als schriftliche Fixierung mündlicher Vereinbarungen gelten als kaufmännische Bestätigungsschreiben mit der Folge, dass man ihnen widersprechen muss, wenn man mit ihrem Inhalt nicht einverstanden ist (vgl. Seite 131).

Gegenüber *Privatpersonen* (Verbrauchern) werden vom Angebot oder Vertrag abweichende »Bestätigungsschreiben« nur wirksam, wenn diese ausdrücklich anerkannt werden. In diesem Fall sollte man sich eine unterschriebene Kopie der Auftragsbestätigung zurückschicken oder zufaxen lassen. Außerdem ist zu beachten, dass **Verbraucher** bei Vertragsabschlüssen (auch bei Zusatzaufträgen) außerhalb der Geschäfts- oder Büroräume des Handwerkers (z. B. vor Ort beim Kunden oder auf der Baustelle) ein 14-tägiges *Widerrufsrecht* haben. In diesen Fällen und immer dann, wenn der Handwerker von sich aus auf den Kunden zugeht, muss der Kunde schriftlich über sein Widerrufsrecht informiert werden. Und wünscht der Kunde, dass vor dieser 14-Tage-Frist mit den Arbeiten begonnen wird, muss der Kunde außerdem schriftlich bestätigen, dass dies auf seinen Wunsch erfolgte.

Grundsätzlich ist bei allen Bauverträgen darauf zu achten, dass die Vertragspartner eindeutig zu bestimmen sind. Nur dann kann später der fällige Werklohn auch vom tatsächlichen Schuldner gefordert werden. Bei Verträgen mit Privatpersonen und Einzelfirmen müssen deshalb die Vor- und Zunamen sowie die Anschriften korrekt festgestellt werden, bei Gesellschaften die genaue Anschrift und eventuell auch die Geschäftsführer bzw. persönlich haftenden Gesellschafter (z. B. bei der GBR, KG oder OHG).

Bei Vergaben nach VOB/A sind Zuschlags- und Bindefristen vorzusehen. Innerhalb der Zuschlags- und Bindefrist ist der Bieter (Auftragnehmer) an sein Angebot gebunden. Ein Zurückziehen von Angeboten innerhalb der Bindefrist ist damit ausgeschlossen. Private Auftraggeber geben in ihren Leistungsbeschreibungen häufig keine Binde-/Zuschlagsfristen an. Ein Auftragnehmer ist dann womöglich mehrere Wochen an sein Angebot gebunden. Um allen Streitigkeiten schon im Vorfeld aus dem Weg zu gehen, sollte bei Angebotsabgabe eine entsprechende Klausel (z. B. »An dieses Angebot halten wir uns bis zum .... gebunden«) aufgenommen werden. Am besten kombiniert man solche Befristungen mit Lohn- und Materialgleitklauseln.

Von einem *Erklärungsirrtum* spricht man im Fall eines Versprechens oder Verschreibens. Dies ist beispielsweise der Fall, wenn in einem Angebot aufgrund eines Kommafehlers eine Leistung statt mit 100 €/Stück mit 10 €/Stück angeboten wurde. Der Bieter hat jedoch seinen Irrtum glaubhaft nachzuweisen. Liegt ein Anfechtungsgrund vor, hat dies zur Folge, dass für diese Position ein neuer Preis vereinbart werden muss. Wird bei öffentlichen Auftraggebern der Irrtum vor Zuschlagserteilung bemerkt, führt das zum Ausschluss des Angebots. Fehler in der Preisermittlung gehen grundsätzlich zulasten des Auftragnehmers. Ein *Kalkulationsirrtum* aufgrund fehlerhafter Überlegungen und Berechnungen ist in der Regel kein Anfechtungsgrund. Nur in den Fällen, in denen der Auftraggeber zum Zeitpunkt des Vertragsabschlusses wusste, dass das Angebot auf einem Kalkulationsirrtum beruhte und die Vertragsdurchführung für den Auftragnehmer unzumutbar war, haben Gericht eine Entbindung vom Angebot bejaht.

Die folgende Übersicht (Seite 74) zeigt den möglichen Umfang und die Struktur der Vertragsunterlagen eines Bauvertrages auf der Basis der VOB.

Bestehen in einem VOB-Vertrag Widersprüche innerhalb der einzelnen Vertragsbestandteile, gilt § 1 Abs. 2 VOB/B. Sofern sogenannte Rangklauseln vertraglich vereinbart wurden, kommen diese zur Anwendung. Prinzipiell haben alle *individualrechtlichen* Teile eines Vertrages Vorrang vor den formularmäßigen.

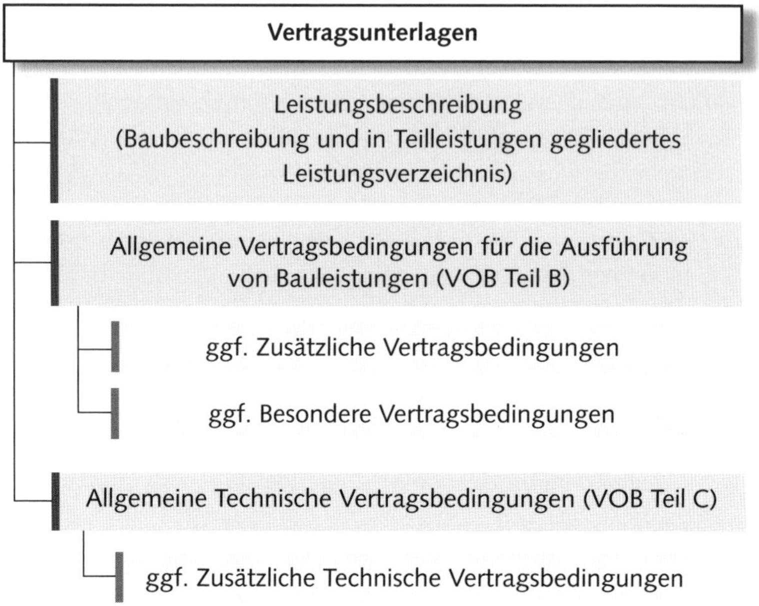

Bei Verträgen mit *Verbrauchern* (Privatkunden) und bauunkundigen gewerblichen Auftragnehmern werden allenfalls die technischen Regelungen der jeweiligen VOB/C Vertragsbestandteil, sofern diese den aktuellen Stand der Technik widerspiegeln. Die **Abrechnungsregeln** im Abschnitt 5 gelten jedoch nicht, mit der Folge, dass diese immer gesondert zu vereinbaren und dem Auftraggeber auszuhändigen sind. Wer die AGB von Verbänden zur Vertragsgrundlage macht, hat meist schon wichtige Abrechnungsregeln vereinbart.

Zur Vorbereitung auf Vertragsverhandlungen bzw. zur Klärung von einzelnen Sachverhalten steht als **Download** die Datei, »Vertragscheck« zur Verfügung.

2. Architektenvollmacht

Bei der klassischen Bauvertragsstruktur unter Einbeziehung eines Architekten besteht zwischen diesem und dem Handwerker kein Vertragsverhältnis, sondern nur zwischen dem Architekten und dem Bauherrn selbst. Das Problem besteht darin, dass der exakte Umfang der Bevollmächtigung des Architekten in dessen Vertrag geregelt ist, der Handwerker diesen aber nicht kennt. Die mit der Architektenleistung verbundene Vollmacht ist aber im Zweifel eher eng auszulegen und darf nicht zu erheblichen Kostensteigerungen führen. Selbst für die Erteilung einzelner kleinerer (notwendiger) Zusatzaufträge hat der Architekt eigentlich keine Vollmacht. Allenfalls wird dies von manchen Auftraggebern geduldet und ist in der Praxis manchmal notwendig, um eine reibungslose Bauabwicklung zu gewährleisten. Besondere Vorsicht ist geboten bei Zusatzarbeiten aufgrund von Planungsfehlern des Architekten, weil für deren Beauftragung jedenfalls keine Vollmacht besteht.

Die Beauftragung von *Zusatzaufträgen* (auch als Stundenlohnarbeiten) durch bauleitende Architekten hat am besten schriftlich zu erfolgen. Das Original mit der Unterschrift des Bauleiters ist dann unverzüglich an den Auftraggeber zur Kenntnis weiterzuleiten. In Zweifelsfällen ist es jedoch besser, den Auftraggeber in einem Schreiben (entweder per E-Mail oder als Anhang einer E-Mail) zu informieren und um unverzügliche Rückmeldung zu bitten. Eine entsprechende Mustervorlage steht als **Download** zur Verfügung.
Weil der Auftraggeber für vollmachtslos erteilte (Zusatz-)Aufträge nicht vergütungspflichtig ist, sollte der Auftragnehmer die Befugnisse des bauleitenden Architekten schon im Vorfeld klären, insbesondere dann, wenn größere Zusatzleistungen zu erwarten sind. Der Auftragnehmer kann dieses Thema - natürlich mit dem nötigen Fingerspitzengefühl – schon während der Auftragserteilung ansprechen. In besonderen Fällen ist es sogar sinnvoll, schriftliche Vereinbarungen zum Vollmachtsumfang zu treffen. Eine Formvorlage für eine entsprechende Vereinbarung liegt als **Download** vor.

Das folgende Schaubild zeigt, welche Befugnisse ein Bauleiter üblicherweise hat und welche Konsequenzen ein davon abweichendes Verhalten haben kann:

Architektenvollmacht

Der bauleitende Architekt darf normalerweise

- ein gemeinsames Aufmaß vornehmen, aber nicht abschließend anerkennen
- die technische Abnahme durchführen
- die Bauleistungen koordinieren und Weisungen zu technischen Sachverhalten erteilen
- Mängel rügen (und damit beim VOB-Vertrag den Lauf der Gewährleistungsfrist unterbrechen)
- Stundenlohnzettel entgegennehmen, aber rechtsverbindlich nicht anerkennen
- die Anzeigen notwendiger Leistungen nach §2 Abs. 8 Nr. 2 VOB/B entgegennehmen
- Bedenken nach §4 Abs. 3 VOB/B (zur Weiterleitung an den Auftraggeber) entgegennehmen (aber problematisch, da nur gegenüber dem Bauherrn wirksam)
- die Ausführungsunterlagen in technischer Hinsicht genehmigen

Duldungsvollmacht

Wenn ein Architekt auf der Baustelle oder gegenüber Behörden den Bauherrn *mit dessen Wissen* ohne Vollmacht mehrfach vertritt, handelt es sich um eine Duldungsvollmacht (z. B. Begleichung von Rechnungen für Zusatzaufträge). Dem Auftragnehmer ist zu raten, den Auftraggeber durch Übersenden von Durchschlägen über die getroffenen Vereinbarungen mit dem Architekten zu informieren.

Anscheinsvollmacht

Verhält sich der Architekt so, als wäre er vom Auftraggeber bevollmächtigt und dieser weiß davon nichts, muss der Auftraggeber sich dies zurechnen lassen, wenn

1. er dies bei pflichtgemäßer Sorgfalt erkennen und verhindern hätte können und
2. der Geschäftspartner darauf vertraute und vertrauen durfte.

3. Auftragsbestand

Die Intensität der Akquise von Aufträgen hängt nicht zuletzt auch von der betrieblichen Kapazitätsauslastung ab. Eine genaue Kenntnis des *Auftragsbestands* und dessen zeitlicher Realisierung ist schon deshalb unabdingbar. Auftragsübersichten sind inzwischen Teil mancher Branchenprogramme oder können einfach auf der Basis von Excel erstellt werden (siehe nachfolgende Tabelle).

Auftragsbestand					Wertschöpfung 53,00 €/Std. Stand: 6.9.			
Lfd. Nr.	**Kunde**	**Baustelle**	**Auftr. Nr.**	**Beginn**	**Auftrags-summe**	**Nachunter-nehmer**	**Material-anteil**	**geplante Kapazität**
1	Herr Schuster	Bremer Str. 4	456/04	9.9.	4.800 €		800 €	75 Std.
2	Siedlungswerk	Dresdner Str. 32	457/04	9.9.	67.400 €		13.500 €	1017 Std.
3	Autohaus Nufer	Kastanienweg 1	458/04	16.9.	16.800 €	3.000 €	2.800 €	208 Std.
4	Eheleute Steiner	Bahnhofstr. 27	459/04	16.9.	3.200 €		700 €	47 Std.
5	Kirchengemeinde	Kirchgasse 6	460/04	offen	8.550 €		2.700 €	110 Std.
6	Dr. Huber	Hauptstr. 27	461/04	offen	3.000 €		1.100 €	36 Std.
7	Motoren GmbH	Daimler Str. 33	462/04	23.9.	24.800 €		3.600 €	400 Std.
8	Walter Matthäus	Hohe Str. 5	463/04	21.10.	8.700 €	1.500 €	2.000 €	98 Std.
9	Frau Turata	Nussgasse 4	464/04	22.10.	1.250 €		300 €	18 Std.
10	Einkaufsmarkt	Kelterweg 5	465/04	4.11.	30.300 €	4.000 €	5.600 €	391 Std.
11								
12								
Auftragsbestand					**168.800 €**		**33.100 €**	**2400 Std.**

Die geplante Kapazität wird ermittelt, indem man die um den voraussichtlichen Materialanteil reduzierte Auftragssumme (= Wertschöpfung) mit der Wertschöpfung je Stunde dividiert. (Alternativ kann bei Aufträgen mit durchschnittlichem Materialanteil auch einfach die jeweilige Auftragssumme durch die durchschnittliche Betriebsleistung je Stunde geteilt werden.) Neue Aufträge werden durch Einfügen einer Tabellen-Zeile dort hinzugefügt, wo sie nach der chronologischen Reihenfolge hingehören. Nach der Eingabe der notwendigen Daten ergibt sich der neue Gesamtauftragsbestand.

Die tabellarische Auftragsübersicht kann durch grafische Darstellungen noch veranschaulicht werden. So zeigt beispielsweise die Grafik auf Seite 78 den gesamten Auftragsbestand im Verhältnis zur Monats- bzw. Wochenkapazität.

Weitere grafische Planungssysteme zum Auftragsbestand wie Balkendiagramme oder Wandtafelsysteme können diese auf Tabellenkalkulationen basierenden Darstellungen ergänzen. Einen detaillierten Überblick über die kurz- und mittelfristigen Kapazitäten einzelner Gruppen und Mitarbeiter gewinnt man jedoch erst mithilfe der *Personaleinsatzplanung* (vgl. Seite 79 ff.).

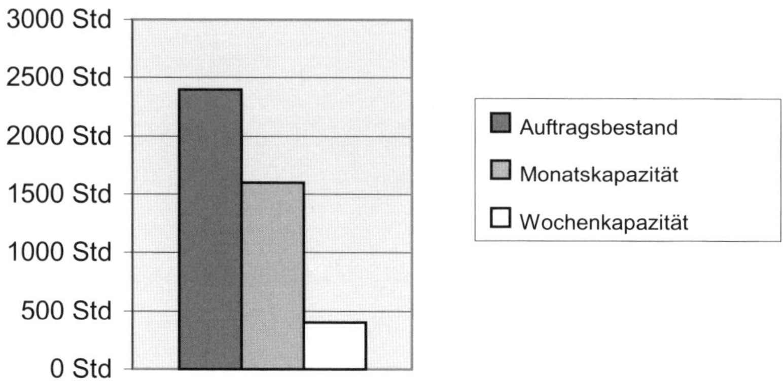

D. Auftragsvorbereitung

Die Basis einer rationellen und effizienten Baustellenabwicklung ist stets eine systematische Vorbereitung der auszuführenden Arbeiten (*Arbeitsvorbereitung*), die alle wesentlichen Elemente des Leistungsprozesses berücksichtigt. Obwohl unbestritten ist, dass in vielen Betrieben gerade durch eine Optimierung des Personal- und Maschineneinsatzes sowie der Arbeitsabläufe erhebliche Wertschöpfungspotenziale freigesetzt werden können, hat die konkrete Auftragsvorbereitung oft noch einen viel zu geringen Stellenwert. Der zu leistende Planungs- und Organisationsaufwand kann sehr unterschiedlich sein und ist wesentlich abhängig von der Art und dem Umfang des jeweiligen Auftrags.

I. Personal-, Material- und Geräteeinsatzplanung

1. Personaleinsatzplanung

Weil die menschliche Arbeitskraft *der* entscheidende Faktor für die Leistung im Maler- und Lackiererhandwerk ist, muss die Personaleinsatzplanung oberste Priorität haben. Beschränken sich die Überlegungen zu einem effizienten Personaleinsatz allein auf die Arbeitsvorbereitung, dann greift dies viel zu kurz. Zu einer strategischen Personalplanung gehört unbedingt, dass bereits bei Personaleinstellungen berücksichtigt wird, wie sich die neuen Mitarbeiter in die aktuelle oder eine geplante Betriebs- und Auftragsstruktur einfügen lassen. Auch die Trennung von bestimmten Mitarbeitern, die nicht mehr zum Betrieb passen, weil sie sich Veränderungen entgegenstellen, gehört zu einem langfristigen Personalmanagement.

Die Planung einer Baustelle wird erleichtert, wenn bereits Gruppen bestehen, die für bestimmte Aufgaben bevorzugt eingesetzt werden können. Für den Prozess der *Teambildung* ist es wichtig, dass die Mitarbeiter so oft wie möglich gemeinsam ein Projekt abwickeln können. Die praktische Erfahrung hat gezeigt, dass feste Teams meist bessere Ergebnisse erzielen als ständig wechselnde Mitarbeiterkonstellationen. Bei der Zusammensetzung von Teams spielen neben den menschlichen Faktoren auch die fachlichen Stärken und Schwächen einzelner Mitarbeiter eine wichtige Rolle. Ihre Leistungsprofile können durch Beobachtung, rechnerische Verfahren wie die Zeiterfassung oder auch

durch Befragungen gewonnen werden. Wenn der Arbeitsablauf es erlaubt, sollten innerhalb eines Teams die auszuführenden Arbeiten nach der Effizienz der Mitarbeiter verteilt werden (z. B. Geselle 1 streicht die Fenster, die Gesellen 2 und 3 tapezieren die Wände oder beschichten die Fassade). In größeren Betrieben kommt es sogar zu einem arbeitsteiligen Einsatz ganzer Teams (Team 1 klebt und armiert das Wärmedämm-Verbundsystem, Team 2 verputzt und beschichtet).
Die tatsächliche Arbeitsleistung wird jedoch neben dem fachlichen Können und den menschlichen Aspekten noch durch eine Reihe weiterer Faktoren bestimmt. Dabei ist insbesondere der Leistungswille bzw. die Leistungsbereitschaft zu nennen. Diese wird u. a. günstig beeinflusst, wenn sich die Mitarbeiter mit dem Betrieb identifizieren können, das Entlohnungssystem Leistungsanreize bietet und die Arbeitsgruppe bzw. die Mitarbeiter die Hauptverantwortung für die Baustellenabwicklung tragen.

Bei der konkreten *Planung des Mitarbeitereinsatzes* sind mehrere Aspekte zu berücksichtigen, die zum Teil erhebliche Zielkonflikte verursachen können:

- Wie viele Mitarbeiter können auf der Baustelle sinnvoll eingesetzt werden? (Häufig ist es sinnvoll, erst mit ein bis zwei Mitarbeitern zu beginnen und dann aufzustocken und beim Auftragsabschluss umgekehrt zu verfahren!)
- Wie viele Mitarbeiter werden benötigt, um den Fertigstellungstermin einzuhalten?
- Welches Team und welcher Baustellenleiter eignen sich am besten zur Ausführung?
- Welches Team oder welche Mitarbeiter haben in der Vergangenheit ähnliche Aufgaben bewältigt?
- Wie viele Mitarbeiter können bei der derzeitigen Kapazitätsauslastung für diesen Auftrag überhaupt eingesetzt werden?
- Wünscht der Kunde einen bestimmten Mitarbeiter oder ein bestimmtes Team?
- Wohnt ein Mitarbeiter in der Nähe der Baustelle?

Das Ergebnis dieser Überlegungen zeigt sich im *Personaleinsatzplan*. Der Planungshorizont sollte einen Zeitraum von etwa ein bis zwei Monaten umfassen. Personaleinsatzpläne müssen möglichst schnell und anschaulich zeigen, welche Mitarbeiter für welche Aufträge wie lange vorgesehen sind. Zusätzlich sind Krankheit, Urlaub und andere Fehlzeiten der einzelnen Mitarbeiter einzutragen. Praktischen Nutzen für die Auftrags- und Kapazitätsplanung haben Personaleinsatzpläne vor allem deshalb, weil sie konkret zeigen, zu welchem Zeitpunkt die Mitarbeiter oder einzelne Teams wieder für neue Aufträge zur Verfügung stehen bzw. neue Aufträge benötigen.

Personaleinsatzpläne finden sich traditionell als Planungstafeln (z. B. als Stecktafeln oder magnetisch) im Büro des Unternehmers oder Meisters. Vielfach wird heute auch die EDV als Hilfsmittel zur Darstellung herangezogen. Relativ einfach lassen sich auf der Basis von Excel-Tabellenblättern monatliche Einsatzpläne erstellen und im Bedarfsfall auch ausdrucken und im Büro oder in der Werkstatt aushängen. Außerdem hat man sie immer digital vor Ort. Im Personaleinsatzplan wird jeder Auftrag mit einer anderen Farbe dargestellt. Bestimmte Farben sind für Urlaubs- und Krankheitstage bzw. sonstige Fehltage reserviert. Folgendes Beispiel zeigt den Ausschnitt aus einem monatlichen Personaleinsatzplan, basierend auf den Aufträgen mit den laufenden Nummern 1 bis 3 und 7 bis 8 (vgl. Tabelle »Aktuelle Aufträge« auf Seite 136).

<table>
<tr><th></th><th colspan="19">Personaleinsatzplan für September</th></tr>
<tr><th rowspan="2">Mitarbeiter</th><th>Mo.</th><th>Di.</th><th>Mi.</th><th>Do.</th><th>Fr.</th><th>Sa.</th><th>So.</th><th>Mo.</th><th>Di.</th><th>Mi.</th><th>Do.</th><th>Fr.</th><th>Sa.</th><th>So.</th><th>Mo.</th><th>Di.</th><th>Mi.</th><th>Do.</th><th>Fr.</th></tr>
<tr><th>2</th><th>3</th><th>4</th><th>5</th><th>6</th><th>7</th><th>8</th><th>9</th><th>10</th><th>11</th><th>12</th><th>13</th><th>14</th><th>15</th><th>16</th><th>17</th><th>18</th><th>19</th><th>20</th></tr>
<tr><td>Peter Pinsel</td><td colspan="5">Walter GmbH</td><td></td><td></td><td colspan="5">Siedlungswerk</td><td></td><td></td><td colspan="5">Siedlungswerk</td></tr>
<tr><td>Olaf Kübel</td><td colspan="5">Walter GmbH</td><td></td><td></td><td colspan="5">Siedlungswerk</td><td></td><td></td><td colspan="5">Siedlungswerk</td></tr>
<tr><td>Ralf Putzig</td><td colspan="5">Walter GmbH</td><td></td><td></td><td colspan="5">Siedlungswerk</td><td></td><td></td><td colspan="5">Siedlungswerk</td></tr>
<tr><td>Werner Walter</td><td colspan="5">Herr Maier</td><td></td><td></td><td colspan="5">Herr Schuster</td><td></td><td></td><td colspan="5">Herr Schuster</td></tr>
<tr><td>Uwe Langsam</td><td colspan="5">Hotel Krone</td><td></td><td></td><td colspan="5">Hotel Krone</td><td></td><td></td><td colspan="5">Autohaus Nufer</td></tr>
<tr><td>Albert Schnell</td><td colspan="5">Hotel Krone</td><td></td><td></td><td colspan="5">Hotel Krone</td><td></td><td></td><td colspan="5">Autohaus Nufer</td></tr>
<tr><td>Toni Castello</td><td colspan="5">Hotel Krone</td><td></td><td></td><td colspan="5">Urlaub</td><td></td><td></td><td colspan="5">Urlaub</td></tr>
</table>

Im Rahmen der Personaleinsatzplanung bestehen unter Kosten- wie auch unter Kapazitätsaspekten eine ganze Reihe von Alternativen zum Gesellen. Dazu zählen insbesondere: Helfer, Lehrlinge, Aushilfen, Zeitarbeiternehmer, Nachunternehmer (Sub).

Alle Alternativen führen zwar meist zu einer Verbesserung der auftragsbezogenen Kostenstruktur. Ob sich dies auch in einem verbesserten Ergebnis niederschlägt, wird vor allem von der Leistung der kostengünstigeren Alternativen bestimmt und ist daher im Einzelfall zu prüfen.

Um unproduktive Zeiten vor allem zu Beginn der Arbeit auf einer Baustelle zu vermeiden, ist es unumgänglich, dass der Vorarbeiter bzw. Baustellenleiter über den anstehenden Kunden, die auszuführenden Arbeiten und die Gegebenheiten auf der Baustelle rechtzeitig informiert wird. Größere Baustellen sollte die Führungskraft mit dem Vorarbeiter vorab besuchen, um alle Problemfelder vor Ort zu besprechen. Es gibt kaum einen größeren »Produktivitätskiller« als die Klärung wichtiger Fragen erst bei Arbeitsbeginn auf der Baustelle. Viele Betriebe haben eigene Formblätter entwickelt, auf denen alle wichtigen Informationen zur Baustelle und zum Kunden festgehalten werden (vgl. Datei zur Baustelleninformation als **Download**). Diese erleichtern die Planung des Auftrages selbst, da sie zugleich als Checkliste eingesetzt werden können. Natürlich müssen auch alle notwendigen Informationen von der Baustelle zurück zur Führungskraft rechtzeitig erfolgen. Dies geschieht auf Großbaustellen am besten durch regelmäßige Baustellenbesprechungen zu festgelegten Terminen.

2. Zeitarbeitnehmer und Nachunternehmer

a) Zeitarbeitnehmer

Bei der *Arbeitnehmerüberlassung* stellt ein Unternehmen (Verleiher) einem anderen Unternehmen (Entleiher) Zeitarbeitnehmer gegen Entgelt zur Verfügung. Der Arbeitnehmer wird dabei voll in den Betrieb des Entleihers eingegliedert. Der Einsatz von Zeitarbeitern kann sowohl unter Kostengesichtspunkten als auch zur Bewältigung von Kapazitätsengpässen sinnvoll sein. Der Arbeitnehmerüberlassungsvertrag muss immer schriftlich vor der Arbeitsaufnahme des Zeitarbeiters abgeschlossen sein, als solcher kenntlich gemacht werden und den Namen des Zeitarbeitnehmers enthalten.

Bei der Beschäftigung von Zeitarbeitnehmern ist außerdem Folgendes zu beachten:

1. Der Verleiher muss über eine gültige Verleiherlaubnis verfügen. Dies kann durch Vorlage einer Kopie der Verleiherlaubnis bei gleichzeitiger Rückfrage bei der zuständigen Regionaldirektion der Bundesagentur für Arbeit (BA) abgesichert werden. Außerdem sollte sichergestellt sein, dass der eingesetzte Zeitarbeitnehmer auch Arbeitnehmer des Verleihers ist. Bei ungültiger Verleiherlaubnis haften Verleiher und Entleiher für nicht bezahlte oder von Tarifverträgen abweichende Arbeitsentgelte und die entsprechenden Sozialabgaben gesamtschuldnerisch.
2. Die *Höchstüberlassungsdauer* an denselben Entleihbetrieb beträgt grundsätzlich 18 Monate. Zwischen einer erneuten Verleihung müssen mehr als 3 Monate liegen.

3. Grundsätzlich müssen für Zeitarbeitnehmer die gleichen wesentlichen Arbeitsbedingungen und Arbeitsentgelte wie im Entleihbetrieb gelten (**Gleichstellungsgrundsatz**). Ausnahmen sind u. a. möglich, sofern ein für den Verleiher geltender Tarifvertrag dies vorsieht. Wird allerdings ein Zeitarbeitnehmer länger als neun Monate nacheinander beim Entleiher beschäftigt, muss er wie das Stammpersonal, einschließlich der Sonderzahlungen, entlohnt werden. Für die ersten neun Monate gilt der entsprechende Mindestlohn im Maler- und Lackiererhandwerk oder ein entsprechend höherer Zeitarbeitstarif.
4. Für vom Verleiher nicht bezahlte Löhne und Sozialabgaben besteht auch bei gültiger Verleiherlaubnis ein Haftungsrisiko. Der Entleiher haftet nämlich selbstschuldnerisch für die Abführung aller Sozialversicherungsbeiträge durch das Zeitarbeitsunternehmen. Entsprechendes gilt auch bei der Verletzung des Gleichstellungsgrundsatzes. Durch qualifizierte Unbedenklichkeitsbescheinigungen vom Finanzamt, der Arbeitsagentur, der zuständigen Krankenkasse und der Berufsgenossenschaft lässt sich dieses Risiko reduzieren. Manche Unternehmen verlangen stattdessen vom Verleiher eine Bankbürgschaft über einen bestimmten Prozentsatz vom Geschäftsvolumen.
5. Keine staatliche Erlaubnis zur Arbeitnehmerüberlassung braucht, wer als Arbeitgeber mit weniger als 50 Beschäftigten zur Vermeidung von Kurzarbeit oder Entlassungen an einen anderen Arbeitgeber Arbeitnehmer bis zu zwölf Monaten überlässt (sog. *Kollegenhilfe*). Eine solche Überlassung muss der Regionaldirektion der BA vorher schriftlich mitgeteilt werden. Auch nicht erlaubnispflichtig ist der Verleih bei Beteiligung an einer ARGE, wenn alle ARGE-Mitglieder denselben Tarifverträgen unterliegen.
6. Nicht als Arbeitnehmerüberlassung gilt die gelegentliche Überlassung zwischen Arbeitgebern, also beispielsweise zwischen zwei Malerbetrieben, um bei kurzfristigen Auftragsspitzen auszuhelfen.
7. Zeitarbeitnehmer sind wie eigene Mitarbeiter auf die Gefahren des Unfall- und Arbeitsschutzes hinzuweisen, da sonst bei Unfällen Regressansprüche der Berufsgenossenschaft bestehen.
8. Der Entleiher hat den Zeitarbeitnehmer über offene Stellen zu informieren und ihm Zugang zu den Gemeinschaftseinrichtungen wie der Stammbelegschaft zu gewähren (§ 13a und b AÜG).
9. Die Pflicht zur Arbeitszeitaufzeichnung gilt auch für Zeitarbeitnehmer.
10. Im Bau(haupt)gewerbe ist Arbeitnehmerüberlassung durch Zeitarbeitsfirmen nicht erlaubt und zwischen Betrieben des Baugewerbes nur unter bestimmten Voraussetzungen möglich.

b) Nachunternehmer

Es ist heute im Handwerk weit verbreitet, dass für bestimmte Auftragspositionen oder Teilleistungen andere Unternehmer beauftragt werden. Übernimmt ein eigenständiger Unternehmer von einem anderen auf der Basis eines Werkvertrages die selbständige Ausführung einer klar abgegrenzten Leistung und trägt er dabei das unternehmerische Risiko, handelt es sich um einen Nachunternehmervertrag. Der Nachunternehmer hat dann für seine Mitarbeiter die Lohnsteuer und die Sozialversicherungsbeiträge zu entrichten.

Für den Einsatz von Nachunternehmern gibt es für Unternehmen der Maler- und Lackiererbranche eine ganze Reihe von Gründen:

1. Das Unternehmen verfügt nicht über die notwendigen Fachkenntnisse (z. B. Betoninstandsetzung von Balkonen als Teilauftrag einer kompletten Fassadenrenovierung).
2. Das Unternehmen verfügt (kurzfristig) nicht über die nötigen Kapazitäten.
3. Das Unternehmen will sich mittelfristig seine Flexibilität erhalten, beispielsweise um weitere (lukrative) Aufträge annehmen zu können.
4. Durch den Nachunternehmereinsatz entstehen Kostenvorteile.
   Zu beachten ist hier jedoch, dass auch für die Nachunternehmerleistungen Gemeinkosten anfallen. Diese können bis zu 15 % der entsprechenden Auftragssumme betragen, abhängig von der Höhe der Verwaltungskosten und der Intensität der Betreuung des Nachunternehmers.
5. Das Unternehmen kann seinen lohnabhängigen Gemeinkostensatz reduzieren, weil durch die Nachunternehmerleistung ein Teil der fixen Gemeinkosten abgedeckt wird.

Beim Einsatz von Nachunternehmern sind jedoch nicht nur die Chancen, sondern auch die Risiken zu beachten. Sie lassen sich im Wesentlichen wie folgt darstellen:

1. Schwarzarbeit
   Nachunternehmer, die ein stehendes Gewerbe nach Anlage A der Handwerksordnung ausüben, müssen beim Gewerbeamt gemeldet und in die Handwerksrolle eingetragen sein. Die Eintragung in die Handwerksrolle wird durch die Handwerkskarte dokumentiert. Liegt keine Handwerkskarte vor, handelt es sich um Schwarzarbeit, die mit hohen Bußgeldern geahndet werden kann.

   Tipp: Immer Kopie der Handwerkskarte bzw. des Gewerbeausweises vorlegen lassen. Für zulassungsfreie Handwerke wie Fliesenleger und handwerksähnliche Gewerbe wie Verfuger und Bautenschützer reicht die Gewerbeanmeldung (Gewerbeausweis).

2. Es besteht kein Nachunternehmerverhältnis
   Ein echtes Nachunternehmerverhältnis liegt nur dann vor, wenn ein eigenständiger Werkvertrag mit konkret umrissenem Leistungsumfang sowie Gewährleistungsansprüchen besteht. Die Mitarbeiter des Nachunternehmers dürfen auch nicht in die Organisation des Hauptunternehmers eingebunden sein und von diesem keine Weisungen erhalten. Der Nachunternehmer hat außerdem eigene Werkstoffe, Geräte, Maschinen, Fuhrpark und Arbeitskleidung einzusetzen sowie die Rechnung über die erbrachten Leistungen zu stellen. Bei Verstößen kann unerlaubte Arbeitnehmerüberlassung vorliegen mit der Folge, dass der Hauptunternehmer in vollem Umfang für Löhne, Steuern und Sozialabgaben (Arbeitgeber- und Arbeitnehmerbeiträge) haftet.
3. Haftung für Mängel und für Schäden bei der Ausführung
   Da der Bauvertrag zwischen Auftraggeber und Hauptunternehmer geschlossen wurde, haftet dieser grundsätzlich auch für die Mängel des Nachunternehmers und das Insolvenzrisiko. Dies gilt auch für das sog. *Organisationsverschulden* (Achtung: längere Verjährungsfristen).
   Hat der Nachunternehmer keine ausreichende Haftpflichtdeckung für verursachte Schäden, haftet der Hauptunternehmer bzw. seine Betriebshaftpflichtversicherung.
   Grundsätzlich ist immer zu prüfen, ob die Haftpflichtversicherung überhaupt für Schäden von Nachunternehmern einspringt!
4. Selbstausführungspflicht des Auftragnehmers nach §4 Abs. 8 VOB/B
   Nur mit schriftlicher Zustimmung des Auftraggebers ist die Weitergabe von Leistungen an Nachunternehmer bei einem **VOB-Vertrag** möglich. Bei Pflichtverletzung hat der Auftraggeber ein Kündigungsrecht (vgl. hierzu die Ausführungen auf Seite 115). Ohne Aufforderung hat der Auftragnehmer dem Auftraggeber die Nachunternehmer mit Namen, gesetzlichen Vertretern und Kontaktdaten bis spätestens zum Leistungsbeginn zu benennen. Auf Verlangen sind auch Erklärungen und Nachweise zur Eignung vorzulegen. Beim **BGB-Vertrag** bedarf es dieser Zustimmung nicht; allerdings auch nicht für Vergabe von Aufträgen an weitere Nachunternehmer.
5. Vertragsstrafen
   Der Hauptunternehmer haftet gegenüber dem Auftraggeber für die Einhaltung von Fertigstellungsterminen. Vertragsstrafen können natürlich an Nachunternehmer weitergegeben werden. Bei Formularverträgen sind die entsprechenden Vorgaben des BGH zu beachten (vgl. Seite 161).

6. Haftung für Mindestlöhne und Mindestarbeitsbedingungen

   Der Hauptunternehmer (Auftraggeber) haftet wie ein Bürge (selbstschuldnerisch) für die Einhaltung der entsprechenden Mindestlöhne durch seine Nachunternehmer. Maßgebend für die Höhe des Mindestlohnes ist das Tätigkeitsspektrum des Nachunternehmers am jeweiligen Ort der Baustelle.

   Beispiel: Arbeitet der Nachunternehmer im Trockenbau auf einer Baustelle in Westdeutschland, so ist der Mindestlohn West für das Baugewerbe zu bezahlen (und nicht der Maler-Mindestlohn). Die Haftung gilt auch für etwaige Sub-Subunternehmer.

   Bei der Beauftragung von Nachunternehmern aus dem Bauhauptgewerbe und dem Gerüstbau besteht auch eine Haftung für weitere Arbeitsbedingungen, die sich aus den entsprechenden Tarifverträgen ergeben.

   Das Haftungsrisiko für die Einhaltung von Mindestlöhnen lässt sich u.a. durch Vertragserfüllungsbürgschaften und Mindestlohnerklärungen der eingesetzten Mitarbeiter reduzieren. Eine Prüfung der entsprechenden Lohnabrechnungen ist jedoch nur nach Einverständniserklärung der Mitarbeiter des Nachunternehmers möglich (Datenschutz). Bei größeren Aufträgen kann auch eine Mindestlohnbestätigung des Steuerberaters des Nachunternehmers für zusätzliche Sicherheit sorgen.

7. Haftung für Sozialversicherungsbeiträge

   Für die Abführung der Sozialversicherungsbeiträge durch den Nachunternehmer (NU) haftet der Hauptunternehmer immer selbstschuldnerisch, wenn der geschätzte Gesamtwert **aller** für ein Bauwerk in Auftrag gegebenen Bauleistungen mindestens 275.000,00 € beträgt. Er ist jedoch von der Haftung befreit, wenn er nachweist, dass er ohne eigenes Verschulden davon ausgehen konnte, dass der Nachunternehmer seine Zahlungspflicht erfüllt (§28e SGB IV). Dies kann durch Vorlage von Unbedenklichkeitsbescheinigungen (UB) oder eines Präqualifikationsnachweises seitens des NU erfolgen. Nach §150 Abs. 3 SGB VII ist für die Berufsgenossenschaftsbeiträge eine qualifizierte UB notwendig – am besten speziell für den Hauptunternehmer ausgestellt. Nur mit dieser lassen sich die Gegebenheiten vor Ort mit den Angaben der UB überprüfen (z.B. ob die angegebenen Lohnsummen überhaupt mit der Zahl der Beschäftigten übereinstimmen). Die Beitragshaftung umfasst auch Säumniszuschläge und Zinsen.

8. Haftung für Beiträge zur SOKA-BAU

   Für alle Unternehmen des Baugewerbes bzw. für Unternehmen, die überwiegend Leistungen aus dem Bauhauptgewerbe erbringen (z.B. Stuckateure, Trockenbauer) besteht eine Pflichtmitgliedschaft bei der SOKA-BAU. Hauptunternehmer aus dem Bauhaupt- und dem Ausbaugewerbe haften selbstschuldnerisch für die korrekte und vollständige Abführung der Sozialkassenbeiträge ihrer SOKA-BAU-pflichtigen Nachunternehmer, auch für ausländische. Allerdings verzichtet die SOKA-BAU auf die Inanspruchnahme des Auftraggebers, wenn sein Nachunternehmern präqualifiziert ist.

9. Der Hauptunternehmer ist auch nach Beendigung der von ihm selbst ausgeführten Arbeiten während des Nachunternehmereinsatzes grundsätzlich für die Verkehrssicherungspflicht auf der Baustelle verantwortlich.
10. Zahlungsumgehung des Auftragnehmers
    Nach § 16 Abs. 6 VOB/B kann der Auftraggeber bei Zahlungsverzug des Auftragnehmers gegenüber dessen Nachunternehmer Zahlungen direkt an diesen leisten, um die Fortsetzung der Leistung sicherzustellen.
11. Vorsicht ist geboten bei Nachunternehmern, die als selbstständige Einzelunternehmer im Wesentlichen für einen einzigen Auftraggeber arbeiten. Hier besteht die Gefahr, dass Scheinselbstständigkeit vorliegt.
12. Für den befristeten grenzüberschreitenden Einsatz von Nachunternehmern aus Vollmitgliedern der **EU** und des EWR gelten grundsätzlich die gleichen Vorschriften wie bei inländischen und damit die gleichen Risiken. Das Haftungsrisiko für die Einhaltung von »deutschen« Mindestlohnvorschriften ist jedoch umso höher, je größer der generelle Lohnabstand des jeweiligen EU-Auslandes ist.
    Arbeitsgenehmigungen sind für Nachunternehmer aus der **EU** und des EWR nicht notwendig. Allerdings ist der Nachunternehmer verpflichtet, eine schriftliche Anmeldung in deutscher Sprache bei der zuständigen Behörde der Zollverwaltung vorzunehmen (§ 18 AEntG). Bei einem meisterpflichtigen Gewerbe nach Anlage A der HWO ist außerdem die Bestätigung der Dienstleistungsanzeige nach § 8 EU/EWR HwV der zuständigen Handwerkskammer erforderlich. Eine Enthaftung von den Sozialversicherungsbeiträgen ist durch Vorlage einer A1-Entsendebescheinigung des EU-Nachunternehmers und seiner Mitarbeiter oder einer entsprechenden Präqualifikation möglich. Letzteres gilt auch für die Enthaftung des Hauptunternehmers für die SOKA-Bau-Beiträge.

3. Maschinen- und Geräteeinsatz

Durch den hohen Wertschöpfungsanteil der Arbeitsleistung von 70–80 % im Maler- und Lackiererhandwerk hat eine rationelle Arbeitsweise aufgrund von Maschinentechnik eine große Bedeutung. Insbesondere auf Großbaustellen lassen sich erhebliche Rationalisierungseffekte erzielen. Häufig sind jedoch auch schon bei kleineren Flächen durch den Einsatz von geeigneten Geräten (z. B. akkubetriebenen Handhelds zum Spritzen) Zeit- und Kostenvorteile festzustellen.
Die Hersteller von Maschinen zur Applikation von Werkstoffen bieten eigene Berechnungen zur Rentabilität ihrer Produkte an. Die angegebenen Zeitvorteile basieren häufig auf sehr optimistischen Annahmen. Außerdem wird manchmal nur die Arbeitszeit von herkömmlichem Auftrag und dem Maschineneinsatz gegenübergestellt. Eine realistische Betrachtung muss aber alle wesentlichen Kostenfaktoren enthalten und kann daher den tatsächlichen Nutzen objektiver ermitteln. Nachfolgend soll an drei Kostenvergleichsrechnungen dieser Vorteil aufgezeigt werden. Alle Berechnungen basieren auf Lohnkosten von 0,80 €/Min.

Beispiel 1: Niederdruckspritzen von 25 m² Heizkörpern

Ausgangspunkt der Berechnung sind 25 m² montierte Radiatoren, die entweder im Spritzverfahren oder herkömmlich mit Pinsel bzw. Walze beschichtet werden können.

Angaben zum Streichen/Walzen
- **Zeitaufwand:** 15 Min./m² inklusive Vorarbeiten und Abdeckarbeiten
- **Materialaufwand:** 120 ml/m²
- **Werkstoffpreis:** 13,30 €/l

Angaben zum Spritzen
- **Rüstkosten:** Für den Aufbau/Transport und das Reinigen des Spritzgeräts und für Abdeckarbeiten wird ein Zeitwert von 45 Minuten für diesen Auftrag angenommen. Das entspricht Lohnkosten von 36,00 € je Auftrag. Bei 25 m² Heizkörper ergibt dies Rüstkosten von 1,44 €/m².
- **Gerätekosten:** 4,00 €/Std. Dieser Wert ist abhängig von der jährlichen Einsatzzeit. Hier wird mit ca. 200 Std./Jahr gerechnet.
- **Zeitaufwand:** 6–10 Min./m² inklusive Vorarbeiten und zusätzlicher Abdeckarbeiten
- **Materialaufwand:** 160 ml/m² inklusive Spritzverlust
- **Werkstoffpreis:** 13,30 €/l

Ermittlung der Kosten je m² beim Streichen

Lohnkosten	15,0 Min./m²	×	0,80 €/Min.	=	12,00 €/m²
Materialkosten	120 ml/m²	×	13,30 €/l	=	1,60 €/m²
Gesamtkosten					13,60 €/m²

Ermittlung der Kosten je m² beim Spritzen

Spritzzeit	6,0 Min./m²	7,0 Min./m²	8,0 Min./m²	10,0 Min./m²
Lohnkosten	4,80 €/m²	5,60 €/m²	6,40 €/m²	8,00 €/m²
Materialkosten	2,13 €/m²	2,13 €/m²	2,13 €/m²	2,13 €/m²
Rüstkosten	1,44 €/m²	1,44 €/m²	1,44 €/m²	1,44 €/m²
Gerätekosten	0,40 €/m²	0,47 €/m²	0,53 €/m²	0,67 €/m²
Gesamtkosten	8,77 €/m²	9,64 €/m²	10,50 €/m²	12,24 €/m²

	6,0 Min./m²	7,0 Min./m²	8,0 Min./m²	10,0 Min./m²
Streichen	13,60 €/m²	13,60 €/m²	13,60 €/m²	13,60 €/m²
– Spritzen	8,77 €/m²	9,64 €/m²	10,50 €/m²	12,24 €/m²
Kostenvorteil	**4,83 €/m²**	**3,96 €/m²**	**3,10 €/m²**	**1,36 €/m²**

Selbst bei einem geschätzten Zeitaufwand von 10,0 Min./m² für das Spritzen und zusätzliche Abdeckarbeiten ergibt sich noch ein geringer Kostenvorteil gegenüber dem Streichen. Für Betriebe, die kein hochwertiges Niederdruckgerät besitzen, kann sich der Einsatz von Airless-Handspritzgeräten lohnen. Diese sogenannten Handhelds gibt es auch mit Akku, sie sind für die Beschichtung von kleineren Flächen, wie beispielsweise von Heizkörpern in Wohnungen, eine kostengünstige Alternative.

Beispiel 2: Airless-Spritzen von 850 m² Fassadenflächen (Mehrfamilienhaus)

Der folgenden Berechnung des Kostenvorteils beim Spritzen von Fassaden mit der Airless-Technologie liegt ein konkreter Auftrag zugrunde. Es wurden mehrere nahezu gleich große Mehrfamilienhäuser mit geringer Putzstruktur sowohl herkömmlich mit der Walze gerollt als auch Airless gespritzt. Der Grundauftrag mit Tiefgrund wurde in allen Fällen gespritzt. Für die Berechnung sind also nur die beiden Beschichtungen mit Silikonharzfarbe relevant.

Für die zweimalige Beschichtung mit der **Walze** ergaben sich folgende Durchschnittswerte:

Lohnkosten	10,0 Min./m²	0,80 €/Min.	8,00 €/m²
Materialkosten	400 ml/m²	8,00 €/l	3,20 €/m²
Gesamtkosten			**11,20 €/m²**

Der Ermittlung der Kosten je m² beim **Spritzen** liegen folgende Angaben zugrunde:

- **Rüstkosten:** Für den Transport, das Anschließen und Reinigen des Spritzgerätes wird ein Zeitwert von 2,0 Stunden angenommen. Das entspricht Lohnkosten von 96,00 € je Auftrag. Bei 850 m² Fassadenfläche ergibt dies Rüstkosten von 0,11 €/m².
- **Gerätekosten:** 3,80 €/Stunde inkl. Betriebskosten. Dieser Wert ist abhängig von der jährlichen Einsatzzeit. Hier wird mit ca. 400 Std./Jahr gerechnet, weil das Airless-Gerät auch anderweitig eingesetzt werden kann. Mit zunehmender Zeitersparnis reduzieren sich die Gerätekosten je m².
- **Materialaufwand:** Unter Umständen entsteht beim Spritzen ein höherer Materialverbrauch. Daher wird vorsichtshalber mit einem Zuschlag von 10 % kalkuliert.
- **Zeitersparnis:** Bei der Beschichtung mit Silikonharzfarbe wird mit einer Zeitersparnis zwischen 30 % und 50 % gerechnet.
- **Abdeckarbeiten:** Für das Abdecken kann ein zusätzlicher Zeitaufwand entstehen. Da hier bereits für den Auftrag mit Tiefgrund die Fenster und angrenzenden Bauteile sorgfältig abgedeckt wurden, entstehen keine zusätzlichen Kosten.

Ersparnis geschätzt	**30,00 %**	**40,00 %**	**50,00 %**
Spritzzeit inkl. Nachwalzen	7,0 Min./m²	6,0 Min./m²	5,0 Min./m²
Materialkosten (10% Zuschlag)	3,52 €/m²	3,52 €/m²	3,52 €/m²
Lohnkosten	5,60 €/m²	4,80 €/m²	4,00 €/m²
Rüstkosten	0,11 €/m²	0,11 €/m²	0,11 €/m²
Gerätekosten	0,44 €/m²	0,38 €/m²	0,32 €/m²
Gesamtkosten	**9,67 €/m²**	**8,81 €/m²**	**7,95 €/m²**

Beim Vergleich zwischen Rollen und Spritzen ergibt sich je nach der geschätzten Zeitersparnis folgender Kostenvorteil:

Ersparnis geschätzt	**30,00 %**	**40,00 %**	**50,00 %**
Rollen	11,20 €/m²	11,20 €/m²	11,20 €/m²
– Spritzen (airless)	9,67 €/m²	8,81 €/m²	7,95 €/m²
Kostenvorteil	1,53 €/m²	2,39 €/m²	3,25 €/m²
Gesamtersparnis	**1.300,50 €**	**2.031,50 €**	**2.762,50 €**
	13,7%	**21,3%**	**29,0%**

Beispiel 3: Kostenvergleich Gerüst – Hubarbeitsbühne

Immer mehr Maler und Stuckateure verwenden statt Gerüsten für die Fassadenbearbeitung Arbeitsbühnen. Insbesondere dort wo ein Gerüst nur wenige Tage benötigt wird, haben sich Arbeitsbühnen als rationelle Alternative erwiesen. Außerdem ist es dann sinnvoll, Arbeitsbühnen einzusetzen, wenn beengte Platzverhältnisse vorliegen oder Einzelobjekte wie Kamine, Dachrinnen, Dachgauben, Masten, Decken usw. bearbeitet werden müssen. Auch an viel befahrenen Straßen oder dort, wo ein Gerüst den Publikumsverkehr stören würde, haben sich Arbeitsbühnen bewährt.

Das folgende Beispiel soll exemplarisch den Kostenvorteil von Arbeitsbühnen an einem leicht zugänglichen Objekt verdeutlichen und zu eigenen Berechnungen anregen.

Angaben zum Objekt und zum Auftrag

- **Mietshaus**: Bearbeitungsfläche ca. 600 m² inklusive Sockel (glatter Putz)
- **Arbeitshöhe**: max. 14 m
- **Leistung**: Putzfläche reinigen und zweimal mit Fassadenfarbe beschichten
- **Personal**: Es wird mit 4 Mitarbeitern gearbeitet.
- **Zeitaufwand**: ca. 130 Stunden inklusive Abdeckarbeiten, entspricht einer Arbeitsdauer von 4 Tagen.
  Beim Einsatz von Arbeitsbühnen besteht zwar ein Zeitvorteil, weil die Transportzeiten für das Material und die Wegezeiten auf dem Gerüst reduziert werden können. Andererseits fallen zusätzliche Kosten für den Transport der Geräte an.
- **Arbeitsbühnen**: Eine Hubarbeitsbühne und eine Scherenarbeitsbühne mit extra großer Plattform werden 4 Tage lang eingesetzt. Auf der Scherenarbeitsbühne können 2 bis 3 Mitarbeiter gleichzeitig arbeiten.
- **Gerüst**: 600 m² × 5,50 €/m² = 3.300,00 € für den Gesamtauftrag

Kostenvergleich	Gerüst	Arbeitsbühnen
Miete Gerüst	3.300,00 €	
Miete Hubarbeitsbühne		1000,00 €
Miete Scherenarbeitsbühne		720,00 €
Transport (bis 10 km)		420,00 €
Gerätekosten	**3.300,00 €**	**2.140,00 €**

Ein Kostenvergleich zwischen Gerüst und Arbeitsbühnen ist immer dann sinnvoll, wenn sich das Objekt für einen Einsatz von Arbeitsbühnen eignet und die Bearbeitung des Objektes in wenigen Tagen erfolgen kann.
Schließlich ist noch darauf hinzuweisen, dass die Planung des Maschinen- und Geräteeinsatzes nicht erst im Rahmen der Arbeitsvorbereitung, sondern bereits bei der Angebotserstellung berücksichtigt werden muss. Wenn Maschinentechnik zum Einsatz kommen kann, wird dies aufgrund von möglichen Kostenvorteilen auch die Angebotspreise beeinflussen. Außerdem darf gerade bei den Überlegungen zur Wahl des Applikationsverfahrens nicht vergessen werden, dass dort, wo beim Spritzenverfahren keine Kostenvorteile bestehen – beispielsweise beim Beschichten von Türblättern in geringer Stückzahl –, eventuell aufgrund hochwertigerer Oberflächen höhere Preise zu erzielen sind.

4. Materialdisposition und Logistik

a) Materialplanung für Auftrag 4711

Aus unserem Angebot 4711 (Seite 37 ff.) ist inzwischen ein Auftrag geworden. Dem Unternehmer ist es gelungen, die Alternativposition zu verkaufen und den Kunden vom Nutzen der Bedarfsposition zu überzeugen. Beide Positionen sind nun im Auftrag enthalten. Allerdings musste dem Kunden beim Beratungsgespräch vor Ort das Recht auf einen Skontoabzug von 2 % bei Zahlung innerhalb von zehn Tagen eingeräumt werden. Der Auftrag ergibt sich nun wie folgt:

Objekt: Renovierung Mehrfamilienhaus

Positionen	Leistungen (Kurzform)	
Pos. 1	Abdeckarbeiten Alle Fenster und Türen und die Betonpflaster werden sorgfältig abgedeckt. pauschal	995,00 €

Pos. 2	Gerüstarbeiten Auf- und Abbau eines Gerüstes nach den Vorschriften der Bauberufsgenossenschaft. Hinweis: Nachunternehmerauftrag ca. 650 m² zu 6,40 €/m²	4.160,00 €
	Fassadenarbeiten	
Pos. 3	Gesamte Fläche mit Hochdruckreiniger und Heißdampf gründlich reinigen. ca. 580 m² zu 2,25 €/m²	1.305,00 €
Pos. 4	Eine Grundbeschichtung mit Grundiermittel ca. 580 m² zu 4,00 €/m²	2.320,00 €
Pos. 5.	Eine Zwischen- und eine Schlussbeschichtung mit Silikonharz-Fassadenfarbe. ca. 580 m² zu 12,75 €/m²	7.395,00 €
	Isolierglasfenster aus Holz – außen und innen	
Pos. 6	Gesamte Fensterfläche gründlich reinigen und anschleifen. ca. 250 m² zu 4,00 €/m²	1000,00 €
Pos. 7	Die Fensterfläche wird zweimal mit umweltschonendem, wetterbeständigem Fensterlack, weiß, gestrichen. ca. 250 m² zu 25,00 €/m²	6.250,00 €
Pos. 8	Dachuntersichten Gesamte Holzfläche gründlich reinigen und anschleifen. ca. 100 m² zu 3,40 €/m²	340,00 €
Pos. 9	Die gesamte Holzfläche wird zweimal mit umweltschonender, wetterbeständiger Holzlasur gestrichen. ca. 100 m² zu 11,60 €/m²	1.160,00 €
Pos. 10	Balkongeländer Die verzinkten Balkongeländer werden gereinigt und anschließend zweimal mit hochwertiger Kunstharzlackfarbe gestrichen. ca. 375 m zu 5,80 €/m	2.175,00 €
Auftragssumme netto		**27.100,00 €**
+ 19 % Umsatzsteuer		5.149,60 €
Auftragssumme brutto		**32.249,00 €**

Für die Materialbeschaffung und die Erfassung des tatsächlichen Verbrauchs verwendet man am besten standardisierte Formulare (Leerformular im **Download**). Zusätzliche Spalten ermöglichen die Ermittlung der voraussichtlichen Materialkosten z. B. für die Vorgabezeitermittlung bzw. die Zusammenstellung der tatsächlich angefallenen Kosten für die Nachkalkulation.

MATERIALZUSAMMENSTELLUNG								
Auftrag: 4711		Bauvorhaben:					Datum:	
Produkt	Artikel-Nr. Farbton	Massen	Verbrauch geplant	Gebinde	Verbrauch tatsächlich	Bemerkung Hersteller	Preise	Kosten
Abdecktücher/Vlies			ca. 60 m²			Lager		
Abdeckfolie			5 Rollen			Lager		
Klebeband/Abroller			20 Rollen			Lager		
Grundiermittel		580 m²	100,0 l	10,0 l		*Lieferung*		
Siliconharz-Fassadenfarbe		580 m²	250,0 l	12,5 l		*auf*		
Acryllack, weiß		250 m²	40,0 l	2,5 l		*Baustelle*		
Holzlasur		100 m²	17,5 l	2,5 l		Lager		
Kunstharzlack SikaCor	RAL 5012	375 m	18,0 l	3,0 l		Lager		

Bei größeren Baustellen ist es sinnvoll, Formulare mit den benötigten Werkstoffen vorzubereiten und der *Auftragsmappe (Baustellenordner)* beizulegen. Der Baustellenleiter veranlasst dann mithilfe dieser Formulare die einzelnen Materialbestellungen entsprechend dem Baufortschritt.

b) Grundfragen der Logistik

Unter Logistik wird allgemein ein umfassender Prozess zur optimalen Steuerung des Material-, Wert- und Informationsflusses von der Beschaffung bis zur Distribution der erstellten Leistungen verstanden. Ein für den Malerbetrieb besonders relevanter Teilaspekt ist die *Baustellenlogistik*. Sie umfasst die Beschaffung, die Lagerhaltung, den Transport und die Entsorgung von Material und Geräten für die Erstellung von Leistungen auf der Baustelle.
Im Rahmen der Baustellenlogistik sind die (richtigen) Materialien, Maschinen und Werkzeuge

- in der richtigen Menge,
- am richtigen Ort/Objekt,
- zum richtigen Zeitpunkt,
- in der richtigen Qualität,
- zu den richtigen Kosten

zur Verfügung zu stellen.

Zur Lösung dieser logistischen Probleme stehen dem Maler und Lackierer heute zahlreiche Partner zur Verfügung. Neben den Einkaufsgenossenschaften und den Händlern bieten manche Hersteller komplette Systemlösungen an. Besaß früher jedes Unternehmen ein eigenes Lager, aus dem fast alle Werkstoffe für die Baustellen entnommen wurden, so wird heute vielfach das Material direkt vom Lieferanten zur Verarbeitung vor Ort geliefert (»just in time«).

Das Ziel jeder *Baustellenlogistik* besteht darin, durch genaue Planung, Steuerung und Überwachung des Materialflusses die wirtschaftliche Abwicklung der Aufträge zu gewährleisten. Durch die direkte Lieferung des Materials an den Ort der Verarbeitung entstehen für das Unternehmen einige entscheidende *Vorteile*:

- Verringerung des Lagerbestands,
- Reduzierung der Lager- und Kapitalbindungskosten,
- geringerer Steuerungs- und Transportaufwand,
- kürzere Lieferwege.

Dem stehen auch einige *Nachteile* bzw. Anforderungen an den Nutzer gegenüber:

- Zusatzkosten für die termingenaue Materialbereitstellung,
- Abhängigkeit vom Lieferanten,
- Einrichtung von schnellen und sicheren Kommunikationsinstrumenten,
- genauere Materialbedarfsplanung.

Logistische Problemlösungen gewinnen in dem Maße an Bedeutung, in dem die benötigte Materialmenge und der Materialdurchfluss steigen und durch die maschinelle Verarbeitung Rationalisierungseffekte zu erzielen sind. Die Vorteile entstehen durch die produktivere Arbeitsweise aufgrund des Einsatzes von maschinellen Hilfsmitteln in Verbindung mit der Verarbeitung wesentlich größerer Materialmengen im Vergleich zu manuellen Verfahren. Dass die benötigten Materialmengen auch zur Verfügung stehen, ermöglicht die Bereitstellung von Großgebinden in Form von Containern oder Silos. Damit ist das originär logistische Problem, wie hohe Materialmengen kostengünstig an den Ort ihrer Verwendung gebracht werden können, sehr effizient gelöst. Zwar fallen durch den Einsatz von Containern bzw. der Silo- und Fördertechnik zusätzliche Kosten für die Bereitstellung an, die aber bei zunehmender Objektgröße immer weniger ins Gewicht fallen.

Als klassisches Beispiel gilt im Malerhandwerk die Herstellung von *Wärmedämm-Verbundsystemen*. Hier werden große Materialmengen benötigt, und gleichzeitig lassen sich durch den Einsatz der Silo- und Fördertechnik erhebliche Zeitvorteile realisieren.

II. Vorgabezeiten

Die Realität der meisten Betriebe ist gekennzeichnet durch einen hohen Wettbewerbsdruck, der in konjunkturell schwächeren Zeiten zu einem starken Konkurrenzkampf um die Auslastung der Kapazitäten führt. Selbst im Privatkundenbereich wird der Preis aufgrund höherer Markttransparenz zunehmend durch Angebot und Nachfrage bestimmt. Die Marktpreise entsprechen oft nicht den aufgrund von Kostenrechnung und Kalkulation ermittelten notwendigen Preisen. Diese Diskrepanz muss von den Unternehmen und ihren Mitarbeitern gelöst werden.
Um Marktpreise mit der jeweiligen Kostensituation in Einklang zu bringen, hat sich in vielen Unternehmen das Instrument der Vorgabezeiten bewährt. Dabei können vier verschiedene Systeme zur Anwendung kommen:

1. Vorgabezeitermittlung aufgrund von Tagesbetriebsleistungen,
2. Vorgabezeitermittlung auf der Basis der durchschnittlichen Wertschöpfung je Stunde,
3. auftragsbezogene Vorgabezeitermittlung aufgrund von Auftragswerten,
4. auftragsbezogene Vorgabezeitermittlung aufgrund von Leistungswerten.

Allen nachfolgenden Ausführungen und Berechnungen liegt der Auftrag 4711 zugrunde (vgl. Seite 90f.). Der Auftragswert netto beträgt 27.100,00 € und enthält Nachunternehmerleistungen für Gerüstarbeiten von 4.160,00 €.

1. Einfache Vorgabezeitberechnungen

a) Vorgabezeitermittlung nach Tagesbetriebsleistung

Bei dieser Art der Vorgabezeitermittlung wird der jeweilige Netto-Auftragswert durch die durchschnittliche Tagesbetriebsleistung eines Gesellen dividiert. Die Betriebsleistung je Stunde erhält man aus den Auswertungen vorangegangener Geschäftsjahre. Hat sich die betriebliche Kostenstruktur inzwischen verändert, sind entsprechende Zu- oder Abschläge vorzunehmen.

Beispiel:

- Auftragswert netto (ohne Nachunternehmer) 22.940,00 €
- durchschnittliche Betriebsleistung (Vorjahr) 61,00 €/Std.
- tägliche Arbeitszeit auf der Baustelle 8,0 Std./Tag
- geplante Mitarbeiterzahl auf der Baustelle 3,0 MA

$$\text{Vorgabezeit} = \frac{\text{Auftragswert (netto)}}{\varnothing\ \text{Tagesbetriebsleistung je MA}} \quad \frac{22.940{,}00\ €}{488{,}00\ €/\text{Tag}} = 47{,}0\ \text{Tage}$$

Beim Einsatz von drei Mitarbeitern entspricht dies einer Vorgabezeit von etwa **15,7 Tagen**.

b) Vorgabezeitermittlung nach Wertschöpfung

Wenn der konkrete Auftrag nicht in etwa dem Durchschnitt der Aufträge der vergangenen Jahre entspricht, kann dies zu erheblichen Fehlern bei der errechneten Vorgabezeit führen. Die Betriebsleistung enthält nämlich stets den Wert der verarbeiteten Werkstoffe. Bei der Vorgabezeitermittlung auf der Basis der Wertschöpfung werden Ungenauigkeiten durch unterschiedliche Werkstoffanteile eliminiert. Hat man die Wertschöpfung je Stunde aufgrund von Vorjahresdaten berechnet, lässt sich die Vorgabezeit folgendermaßen ermitteln:
Beispiel:

- Auftragswert netto (ohne Nachunternehmer) 22.940,00 €
- Werkstoffanteil für diesen Auftrag 18,00 % (geschätzt) – 4.129,20 €
- Wertschöpfung des Auftrags 18.810,80 €
- durchschnittliche Wertschöpfung (Vorjahr) 51,00 €/Std.
- tägliche Arbeitszeit auf der Baustelle 8,0 Std./Tag
- geplante Mitarbeiterzahl auf der Baustelle 3,0 MA

$$\text{Vorgabezeit} = \frac{\text{Wertschöpfung}}{\varnothing\ \text{Wertschöpfung/Std.}} = \frac{18.810{,}80\ €}{51{,}00\ €/\text{Std.}} = 368{,}8\ \text{Std.}$$

Beim Einsatz von drei Mitarbeitern und einer täglichen Arbeitszeit von 8,0 Std. entspricht dies einer rechnerischen Vorgabezeit von **15,4 Tagen**.

2. Auftragsbezogene Vorgabezeiten

a) Vorgabezeitermittlung aufgrund von Auftragswerten

Die beschriebenen Verfahren sind zwar gut geeignet für die grobe Ermittlung der Auftragsdauer, haben aber doch einige Schwachstellen. Sie basieren auf

Durchschnittswerten des Gesamtbetriebs, die zudem aus einer vorhergehenden Abrechnungsperiode stammen. Zudem lassen sich die konkreten Kosten der Baustelle nicht angemessen berücksichtigen. Dies kann im Einzelfall zu erheblichen Ungenauigkeiten bei der Planung der voraussichtlichen Ausführungsdauer und der Sollzeiten für die Mitarbeiter führen.

Das System der auftragsbezogenen Vorgabezeitermittlung erlaubt es, baustellenspezifische Daten in die Berechnung einfließen zu lassen. Neben den auftragsindividuellen Löhnen und Arbeitszeiten können auch die entsprechenden Sondereinzelkosten wie Mehraufwand für Nahentsendung, die Fahrtkosten und die Kosten bei Fernentsendung berücksichtigt werden. Ziel dieses Verfahrens ist es, die Bedingungen der Baustelle möglichst realitätsnah zu erfassen, um hinreichend genaue Vorgabezeiten zu erhalten. Beispielhaft soll dies für den Auftrag 4711 dargestellt werden.

Angaben zum Betrieb und zum Auftrag 4711

Mitarbeiterzahl auf der Baustelle	3,00
Durchschnittslohn der Mitarbeiter	16,60 €/Std.
tägliche Arbeitszeit[1)]	8,00 Std.
bezahlte tägliche Arbeitszeit[1)]	8,00 Std.
lohnabhängige Gemeinkosten[2)]	180,00 %
Werkstoffanteil (geschätzt)	18,00 %
Sondereinzelkosten	
– Mehraufwand für Nahentsendung	4,09 €/Tag
– variable Fahrtkosten mit dem Firmenfahrzeug[2)]	0,50 €/km
– Gesamtkilometer	70,0 km
geplanter Gewinnzuschlag für diesen Auftrag	10,0 %

Erläuterungen

1) Die tägliche Arbeitszeit kann auch höher sein als die bezahlte Arbeitszeit, ohne dass Überstundenzuschläge anfallen, wenn die Differenz einem Zeitkonto gutgeschrieben wird.

2) Werden die variablen Fahrtkosten auftragsindividuell berechnet, vermindert sich der Gemeinkostensatz entsprechend. Die Reduktion liegt normalerweise zwischen 7 % und 11 %.

1. Ermittlung der Wertschöpfung	
Auftragssumme netto	27.100,00 €
– Nachunternehmer/Fremdleistungen	4.160,00 €
Betriebsleistung/Eigenleistung	22.940,00 €
– Materialanteil 18,00 % (geschätzt oder errechnet)	4.129,20 €
Wertschöpfung	**18.810,80 €**

2. Ermittlung des Stundenverrechnungssatzes		
Durchschnittslohn		16,60 €/Std.
Gemeinkosten	180,00 %	29,88 €/Std.
Lohnkosten		46,48 €/Std.
Mehraufwand Nahentsendung (täglich 4,09 €/8,0 Std.)		0,51 €/Std.
Fahrtkosten (täglich 35,00 €/8,0 Std. × drei Mitarbeiter)		1,46 €/Std.
Selbstkosten		48,45 €/Std.
Gewinn	10,00 %	4,85 €/Std.
Stundenverrechnungssatz		**53,30 €/Std.**

3. Vorgabezeitermittlung

$$\text{theoretische Vorgabezeit} = \frac{18.810{,}80\ €}{53{,}30\ €/\text{Std.}} = 353{,}0\ \text{Std.}$$

+ Zuschlag/– Abschlag	– 4,8 %	=	–17,0 Std.
tatsächliche Vorgabezeit insgesamt			**336,0 Std.**
tatsächliche Vorgabezeit in Tagen			**14,00 Tage**

4. Mindestwertschöpfung und Mindestbetriebsleistung je Stunde	
Mindestwertschöpfung (18.810,80 €/336 Std.)	55,98 €/Std.
Mindestbetriebsleistung (22.940,00 €/336 Std.)	68,27 €/Std.

Die theoretische Vorgabezeit beträgt 353 Stunden. Das entspricht einer Ausführungszeit von etwa 14,7 Tagen. In der Beispielberechnung wird unterstellt,

dass das Preisniveau einen Abschlag auf diese Vorgabe erlaubt. Wird die Gesamtzeit um 17,0 Std. bzw. 4,8 % auf 336 Std. verringert, kann der Auftrag rein rechnerisch in 14 Tagen ausgeführt werden. Selbst wenn noch einige kleinere Zusatzarbeiten anfallen sollten oder unvorhersehbare Ereignisse auftreten, ist ein Ausführungszeitraum von drei Wochen möglich. Voraussetzung ist natürlich, dass die Baustelle ständig mit drei Mitarbeitern besetzt bleibt. Wird eine Ausführungszeit von 3 Wochen veranschlagt, kann die Baustelle auch mit weniger Mitarbeitern begonnen werden oder am Ende der Baustelle stehen Mitarbeiter schon wieder für den Einsatz an anderen Projekten zur Verfügung.
Abschläge zur errechneten Gesamtzeit können in der Regel nur dann gemacht werden, wenn Aufträge zu entsprechenden Preisen hereingeholt wurden und die Vorgabezeiten dann immer noch machbar sind. Natürlich sollte bei Aufträgen mit äußerst niedrigem Preisniveau oder Fehlkalkulationen durch den Unternehmer bzw. Meister auch ein Zuschlag erfolgen, sodass die Vorgabezeiten nicht aufgrund unzureichender Preise unrealistisch werden.
Vorgabezeiten von mehreren Hundert Stunden für eine Vielzahl unterschiedlicher Leistungen haben sich als wenig praktikabel erwiesen. Die Vorgabezeit von 336 Std. ist kaum vorstellbar und hat deshalb nur begrenzte Aussagekraft. Etwas anschaulicher ist die Anzahl der Arbeitstage. Sinnvoll und für Mitarbeiter praktisch umsetzbar sind Einzelvorgaben für bestimmte Leistungspakete bzw. Positionen. Dies hat den Vorteil, dass sich je Leistungspaket die Materialanteile genau zuordnen lassen und so exaktere Vorgabezeiten möglich sind.
Bei welchen Positionen/Leistungen entsprechende Abschläge möglich oder Zuschläge nötig sind, hat der Unternehmer selbst zu entscheiden. Allerdings ist es sinnvoll, die Vorarbeiter bzw. Baustellenleiter in die Berechnung einzubeziehen, denn sie kennen die Mitarbeiter und deren Leistungsfähigkeit am besten. Außerdem kommt ein psychologisches Moment hinzu. Bei der einseitigen Vorgabe durch den Unternehmer besteht die Gefahr, dass die Mitarbeiter beweisen wollen, dass es in der geplanten Zeit nicht zu schaffen ist. Sind Vorgabezeiten gemeinsam festgelegt worden, wollen die Mitarbeiter zeigen, dass es in der geplanten Zeit auch wirklich machbar ist, und entwickeln möglicherweise eigene Ideen zur rationelleren Abwicklung.

b) Vorgabezeitermittlung aufgrund von Leistungswerten

Bei der Ermittlung von Vorgabezeiten aufgrund von Marktpreisen ist der entscheidende Faktor der vom Unternehmer kalkulierte bzw. am Markt erzielte Preis. Dies kann bei vergleichbaren Leistungen zu völlig unterschiedlichen Vorgaben führen. Deshalb sind einige Betriebe dazu übergegangen, standardi-

sierte Leistungswerte für immer wiederkehrende Arbeiten festzulegen. Diese Leistungswerte werden aus den Erfahrungen bereits abgewickelter Projekte gewonnen. Sie sollen zwar die Gegebenheiten der Baustelle (z. B. Auftragsgröße, Neubau/Altbau, Schwierigkeitsgrad, Umfang der Nebenleistungen) berücksichtigen, aber größere Schwankungen in den Vorgabewerten vermeiden.
Für die deckende Fensterbeschichtung stehen beispielsweise folgende Leistungswerte zur Verfügung:

Leistungswert I: 3,00 m^2/Std. je Beschichtung
Leistungswert II: 4,00 m^2/Std. je Beschichtung
Leistungswert III: 5,00 m^2/Std. je Beschichtung
Leistungswert IV: 6,00 m^2/Std. je Beschichtung

Wird für den Renovierungsanstrich in Position 7 (vgl. Seite 93) der Leistungswert III gewählt, ergibt sich folgende Vorgabezeit:

$$\frac{250 \text{ m}^2}{5 \text{ m}^2/\text{Std.}} = 50 \text{ Std. je Beschichtung} \times 2 = 100 \text{ Std. für die Position 7}$$

Diese Standardleistungswerte können noch zusätzlich um einen Faktor erweitert werden, der die Leistungsfähigkeit der entsprechenden Mitarbeiter berücksichtigt. Für die erfolgreiche Abwicklung eines Auftrages unter Anwendung von Leistungswerten gilt dasselbe wie bei der auftragsbezogenen Vorgabezeit. Wenn die Mitarbeiter in das Projekt eingeführt werden und an der Festlegung von Leistungsvorgaben mitwirken, ist deren Erreichen viel eher gewährleistet als bei einer Vorgabe von oben.

III. Termin- und Ablaufplanung

1. Terminplanung

a) Rechtliche Grundlagen

Ist in einem Werkvertrag ein verbindlicher *Ausführungsbeginn* vereinbart, gerät der Auftragnehmer bei Nichteinhaltung des Termins in Verzug. Fehlt für den Beginn der Ausführung eine Frist, hat der Auftragnehmer bei VOB-Verträgen innerhalb von 12 Werktagen nach Aufforderung durch den Auftraggeber zu beginnen. Der Beginn der Ausführung ist diesem anzuzeigen. Zur Fristwahrung genügt zwar das Einrichten der Baustelle, der Auftragnehmer kann aber danach nicht längere Zeit bis zur Aufnahme der eigentlichen Arbeiten warten.

Probleme ergeben sich in der Praxis meist durch die Nichteinhaltung von *Fertigstellungsterminen*. Hat der Auftragnehmer die Überschreitung eines kalendermäßig vereinbarten Endtermins verschuldet, gerät er mit dessen Ablauf in Verzug. Bei kalendermäßig nicht bestimmten Fristen ist eine Mahnung erforderlich, um den Auftragnehmer in Verzug zu setzen. Ist für die Fertigstellung nur die Kalenderwoche (z. B. 10. KW) angegeben, gilt dies als kalendermäßig bestimmt. Fällig ist die Leistung dann am Ende der vereinbarten Woche. Kalendermäßig bestimmte Fertigstellungstermine werden durch größere Änderungs- und *Zusatzaufträge* zu unbestimmten Terminen mit der Folge, dass der Auftragnehmer nur durch eine Mahnung in Verzug gesetzt werden kann.
Einzelfristen eines Bauzeitenplans gelten nach §5 Abs. 1 VOB/B nur als Vertragsfristen, wenn dies ausdrücklich vereinbart wurde.

Bei Verzögerung des Beginns bzw. bei Verzug der Vollendung hat der Auftraggeber beim VOB-Vertrag grundsätzlich folgende Rechte (§5 Abs. 4 VOB/B):

1. Er kann am Vertrag festhalten und Schadensersatz nach §6 Abs. 6 VOB/B verlangen oder
2. nach Ablauf einer angemessenen Frist und entsprechender Kündigungsandrohung den Vertrag nach §8 Abs. 3 VOB/B schriftlich kündigen.
3. Darüber hinaus kann er eine Vertragsstrafe geltend machen, sofern eine solche vereinbart wurde.

b) Balkendiagramme als Hilfsmittel der Terminplanung

Terminprobleme entstehen nicht nur dort, wo die eigene handwerkliche Leistung als Teil eines umfassenden Projekts erheblich von anderen Gewerken abhängig ist. Auch wer vorwiegend bei Privatkunden (als einziger Handwerker) tätig ist, kennt den Stressfaktor Termindruck, der meist durch die kurzfristige Abordnung von Mitarbeitern aus anderen Bereichen aufgefangen wird. Die Folge sind Reibungsverluste, die die Effizienz der Auftragsabwicklung beeinträchtigen. Zwar wird sich wegen der Vielzahl möglicher Störfaktoren – Krankheit von Mitarbeitern, Zusatzwünsche der Kunden oder Verzögerungen der Vorunternehmer – der Zeitdruck nicht immer vermeiden lassen, häufig ist dieser jedoch auch das Produkt unzureichender Planungen.
Aufgrund der einfachen Handhabung und der vielfältigen Modifikationen je nach Einsatzzweck hat sich das *Balkendiagramm* als Hilfsmittel der Terminplanung bewährt. Balkendiagramme sind besonders geeignet für weniger komplexe Baustellen, um Gesamtübersichten und Abläufe darzustellen, Kapazitäten zu planen und Termine zu überwachen.

In der einfachsten Form stellen Balkendiagramme die Leistungen in ihrer logischen Reihenfolge dar und geben den jeweiligen Ausführungszeitraum an. Voraussetzung ist immer, dass der Zeitbedarf einzelner Leistungen bekannt ist. Zur Bestimmung von Ausführungszeiten stehen neben Erfahrungswerten auch die verschiedenen Systeme der Vorgabezeitermittlung zur Verfügung. Verknüpfungen und Abhängigkeiten von Teilleistungen lassen sich in Balkendiagrammen allerdings nur in begrenztem Maße darstellen.

Beispiel: Teilrenovierung eines Seniorenwohnheims

Objekt: Gebäudeteil eines Seniorenwohnheims mit Erdgeschoss und Obergeschoss. Auf jedem Stockwerk befinden sich je zehn gleiche Zimmer und fünf weitere Räume. Während der Renovierungsarbeiten ist dieser Gebäudeteil nicht bewohnt.

Es gelten folgende Leistungen und Ausführungszeiten:

Pos.	Menge	Leistungen	Zeiten
1	100 Std.	Wandflächen Alte Tapete vollständig entfernen	100 Std.
2	50 Std.	Wandflächen Schlitze und Löcher im Putz spachteln	50 Std.
3	1.000 m²	Wandflächen Glasfasergewebe tapezieren	110 Std.
4	1.500 m²	Decken- und Wandflächen Dispersion zweimal streichen	150 Std.
5	200 m²	Fensterflächen Anschleifen und zweimal mit Holzlasur streichen.	60 Std.
6	150 m	Acrylfuge am Anschluss Fensterrahmen/Fassade (Ausführung durch Nachunternehmer)	10 Std.
7	30 Stück	Türblätter inklusive Rahmen Gesamte Holzfläche gründlich schleifen Zweimal mit Kunstharzlack weiß beschichten	90 Std.
		Nacharbeit, Sonstiges	8 Std.

Zusätzliche Hinweise:

1. Der Auftrag muss in vier Wochen inklusive der Elektrikerarbeiten abgeschlossen sein.
2. Für das Entfernen der alten Tapeten (100 Std.) und weitere Vorarbeiten (das Anschleifen der Türrahmen und Fenster aus Pos. 5 bzw. 7 wird mit jeweils 10 Stunden veranschlagt) hat der Maler eine Woche Zeit. Danach verlegt der Elektriker an fünf Werktagen neue Kabel für zusätzliche Steckdosen und ein hausinternes Netzwerk. An den ersten drei Tagen der zweiten Woche können allenfalls die Fenster gestrichen werden.
3. Es stehen maximal vier Gesellen gleichzeitig zur Verfügung.

Unter Berücksichtigung der Zeitvorgaben und der Hinweise ist folgende Terminplanung denkbar:

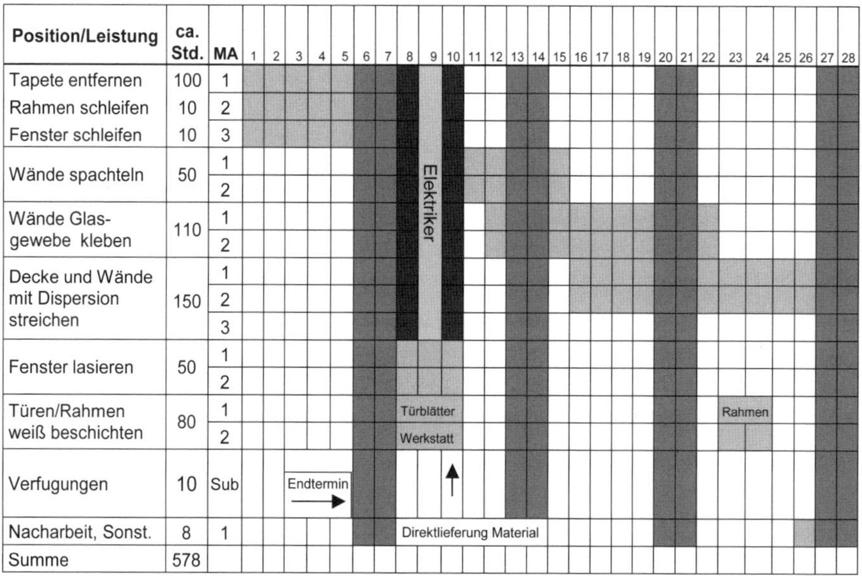

Das Diagramm zeigt, dass die Abwicklung des Gesamtauftrags innerhalb von vier Wochen möglich ist. Die Beschichtung der Türblätter in der Werkstatt und der Fensteranstrich sollten aber bis zum 10. oder 11. des Monats abgeschlossen sein, um spätestens ab dem 12. Tag mit vier Mitarbeitern die übrigen Leistungen beginnen zu können. Für eventuell notwendige Zusatzarbeiten und das Finish steht noch ein kleiner Puffer zur Verfügung. Leistungsänderungen

größeren Umfangs oder andere terminrelevante Störgrößen lassen sich durch Samstagsarbeit oder Überstunden bis zu einem gewissen Grad auffangen. Aufgrund des geringen Spielraums ist auf jeden Fall eine permanente Kontrolle des Arbeitsfortschritts notwendig, um den Fertigstellungstermin nicht zu gefährden.
Eine Zeitplanung auf der Basis von Balkendiagrammen erlaubt neben der Festlegung des voraussichtlichen Endtermins auch die Planung des zeitlichen Einsatzes von Nachunternehmern sowie der Bereitstellung notwendiger Geräte und Maschinen sowie des Materials.
Eine Terminplanung muss umso detaillierter sein, je mehr Gewerke und Nachunternehmer involviert sind und je größer die Bandbreite der eigenen Leistungen ist. Normalerweise reichen dafür im Maler- und Lackiererhandwerk Balkendiagramme aus. Für die Analyse und Darstellung von komplexen Projekten kann auf die *Netzplantechnik* zurückgegriffen werden. Unter Verwendung computerunterstützter Verfahren lassen sich hier minimale Bauabwicklungszeiten, strukturelle Abhängigkeiten, Pufferzeiten und kritische Vorgänge darstellen sowie Konsequenzen bei Verschiebungen sofort ermitteln.

2. Ablaufplanung und Paketierung

Die in einem Leistungsverzeichnis vorgesehenen Arbeiten entsprechen oft nicht dem realen Bauablauf. Deshalb werden im Rahmen der Arbeitspaketierung die auszuführenden Leistungen prozessorientiert und chronologisch in sinnvollen Arbeitspaketen neu strukturiert. Enthält beispielsweise ein Angebot gleichartige Grundierarbeiten in mehreren Positionen ist es sicher sinnvoll, diese möglichst in einem Arbeitsgang auszuführen. Für die meisten Mitarbeiter sind diese Arbeitspakete ein wichtiger Leitfaden bei der Baustellenabwicklung. Sie bilden gleichzeitig die Grundlage für die Baustellen-Mitschreibung. Dabei werden für jedes Leistungspaket die geleisteten Arbeitsstunden und das verbrauchte Material erfasst. Bei Bedarf können sogar täglich Abweichungen vom geplanten Soll festgestellt und analysiert werden. Moderne Branchenprogramme stellen dafür eigene Software-Module zur Verfügung. Diese Daten können dann unmittelbar für Zwischen- und Nachkalkulationen verwendet werden.
Meist reicht es aus, die einzelnen Arbeitspakete zu beschreiben und entsprechend dem geplanten Bauablauf zu sortieren. In manchen Fällen ist es aber sinnvoll, dies durch grafische Darstellungen zu ergänzen. Für detailliertere Ablaufplanungen kann ein modifiziertes Balkendiagramm zum Einsatz kommen,

mit dessen Hilfe eine genaue Verteilung der Arbeitsstunden auf die einzelnen Arbeitstage möglich ist. Basis ist die ermittelte Vorgabezeit für die einzelnen Positionen bzw. Leistungspakete.

Positionen/ Leistungen	Betrag	ca. Std		1	2	3	4	5	6	7	8	9	10	11	12	13	14	15	16	17	18	19
1	995 €	12	V		4																	
Abdecken, etc.			N	4	4																	
3	1.305 €	16	V	4	4																	
Reinigen			N	4	4																	
4	2.320 €	28	V			4	8															
Grundieren			N			8	8															
5	7.395 €	88	V				4	12			12	8	8									
2 x Silikonharz			N				4	12			12	8	8									
6 + 7	7.250 €	128	V									4	4	12	12			12	8	8	4	
Fenster			N									4	4	12	12			12	8	8	4	
8 + 9	1.500 €	24	V	4	4	8																
Dachuntersicht			N		4	4																
10	2.175 €	32	V																4	4	4	4
Geländer			N																4	4	4	4
Abdeckmaterialien entfernen		8	V																			4
Baustelle aufräumen			N																			4
Summe	22.940 €	336		16	24	24	24	24	0	0	24	24	24	24	24	0	0	24	24	24	16	16

Im obigen **Ablaufplan zum Auftrag 4711** wurden folgende Sachverhalte berücksichtigt:

1. Auf der Baustelle wird ein Team mit drei Mitarbeitern eingesetzt, die täglich 8 Stunden arbeiten.
2. Um die Mitarbeiter optimal beschäftigen zu können, soll am ersten Tag nur der Vorarbeiter mit einem Gesellen auf der Baustelle anwesend sein.
3. Mit der Fassadenreinigung ist möglichst sofort zu beginnen, weil fast alle Arbeiten davon abhängig sind.
4. Die Dachuntersichten sollten vor dem Anstrich der Fassade mit Silikonharzfarbe fertiggestellt sein, da Schleifstaub nach unten fällt und auch Lasurspritzer die Wand wieder verunreinigen können.
5. Die Beschichtung der Fassade soll im Wesentlichen abgeschlossen sein, wenn die Fenster gestrichen werden.
6. Bei der Verteilung der Arbeitsaufträge ist zu berücksichtigen, dass die reine Fensterbeschichtung nur vom Vorarbeiter und von einem Gesellen rationell ausgeführt werden kann. Bei allen übrigen Leistungen spielt die Arbeitsverteilung unter Produktivitätsaspekten keine besondere Rolle.

7. Zumindest die Schlussbeschichtung des Geländers hat ganz am Ende zu erfolgen, da bei den Fassadenarbeiten Verunreinigungen des Geländers durch Übersteigen der Balkone nicht unwahrscheinlich sind.

Die Ablaufplanung zeigt, dass voraussichtlich an den letzten beiden Tagen nur noch zwei Mitarbeiter benötigt werden, sodass einer bereits die nächste Baustelle vorbereiten kann oder für andere Aufgaben zur Verfügung steht. Werden jedoch zusätzliche Leistungen gefordert oder treten Störungen im Arbeitsablauf auf, bestehen kaum noch Zeitreserven im Rahmen der regulären Arbeitszeit.

Balkendiagramme sind in der Praxis ein Hilfsmittel, um für die Mitarbeiter sinnvolle Arbeitsabläufe aufzuzeigen, die strukturellen Abhängigkeiten darzustellen und letztlich die Produktivität zu steigern. Sie sind nicht als unveränderliche Vorgabe zu verstehen, weil die Realitäten auf der Baustelle in der Planungsphase nicht immer ausreichend berücksichtigt werden können. Die Feinabstimmung im täglichen Arbeitsprozess sollte ohnehin besser den Mitarbeitern vor Ort überlassen werden, um genügend Spielraum für flexibles Handeln zu ermöglichen. Bei der Abwicklung von Auftrag 4711 gilt es jedoch zu beachten, dass der geplante Zeitrahmen von 15 Arbeitstagen nicht überschritten und die gesamte Ausführungszeit von 336 Stunden auch eingehalten wird.

Für die meisten Baustellen werden sich im Voraus allenfalls grobe Ablaufpläne erstellen lassen. Gleichwohl ist im Rahmen der Arbeitsvorbereitung eine gedankliche Analyse des optimalen Baustellenablaufs und der notwendigen Arbeitsschritte wichtig, um die ermittelte Gesamtzeit nicht zu überschreiten und die Kostenvorgaben auch einzuhalten. Diese Überlegungen sollten dann als Anweisungen an die Mitarbeiter vor Ort schriftlich oder mündlich weitergegeben werden. Qualifizierte Vorarbeiter bzw. Baustellenleiter können die Arbeitspaketierung oder eine Ablaufanalyse auch selbst vornehmen und deren Ergebnisse bei der Einteilung der Arbeiten umsetzen. Ein Formular zur Planung von Arbeitsabläufen ist als **Download** abrufbar. Die Formulare zur Ablaufplanung können auch so verändert werden, dass statt der halben Tage (V = Vormittag und N = Nachmittag) in der ersten Zeile die Sollzeit eingetragen wird und in der zweiten Zeile die tatsächlich benötigte Zeit, sodass Abweichungen unmittelbar sichtbar werden.

E. Auftragsausführung und -überwachung

I. Rechtliche Grundlagen

Im Rahmen der Auftragsausführung besteht je nach Auftragsstruktur ein mehr oder weniger intensiver Kommunikationsbedarf zwischen den Vertragsparteien bzw. ihren Vertretern. Die Notwendigkeit der Kommunikation ergibt sich u. a. durch die verschiedenen gesetzlichen und vertraglichen Rechte und Pflichten der Vertragspartner.
Die nachfolgenden Ausführungen orientieren sich an der VOB, weil deren Bestimmungen die Bauabwicklung detailliert regeln. Ergänzt werden die Erläuterungen der VOB um entsprechende gesetzliche Regelungen oder dann, wenn VOB-Vorschriften auch auf BGB-Verträge anzuwenden sind.

1. Rechte und Pflichten der Vertragsparteien

Während der Bauausführung hat der **Auftraggeber** nach §1 und §4 VOB/B bzw. nach §650b BGB folgende Rechte und Pflichten:

1. **Recht zur Leistungsänderung (§1 Abs. 3 und 4 VOB/B und §650b BGB)**
   Nicht vereinbarte Zusatzleistungen, die zur Ausführung der vertraglichen Leistung notwendig sind (z. B. zusätzliche Rostschutzgrundierung), hat der Auftragnehmer auf Verlangen des Auftraggebers auszuführen (§1 Abs. 4 VOB/B). Nach §1 Abs. 3 **VOB/B** hat der Auftraggeber außerdem das Recht, einseitig den Bauentwurf zu ändern oder zu erweitern. Eine neuartige, die bisherige Leistung entscheidende Veränderung ist damit aber nicht gemeint (keine Neuplanung). Der Auftragnehmer muss Leistungsänderungen nur ausführen, wenn sein Betrieb auf die Durchführung der Änderung eingerichtet ist.
   Das gesetzliche Leistungsänderungsrecht in **§ 650b BGB** gilt für Bauverträge und ist anders gefasst als die VOB-Regelung. Danach kann der Auftraggeber sowohl Änderungen, die zur Erreichung des vereinbarten Leistungszieles notwendig sind, als auch Änderungen des bereits vereinbarten Werkerfolgs anordnen. Dazu zählt nicht nur die Verwendung anderer Farben, Materialien und Techniken, sondern beispielsweise auch die Umnutzung von Wohnungen in Büros. Änderungen des vertraglich vereinbarten Leistungsziels können

vom Auftraggeber aber nur dann gefordert werden, wenn diese dem Auftragnehmer auch *zumutbar* sind. Der Auftragnehmer muss also technisch, personell und organisatorisch in der Lage sein, die Leistungsänderung auszuführen.

2. **Koordinierungs- und Beschaffungspflicht (§ 4 Abs. 1 Nr. 1 VOB/B)**
   Der Auftraggeber hat für die Aufrechterhaltung der allgemeinen Ordnung zu sorgen, das Zusammenwirken der verschiedenen Unternehmer zu regeln und die erforderlichen Genehmigungen einzuholen.

3. **Überwachungsrecht (§ 4 Abs. 1 Nr. 2 VOB/B)**
   Es besteht ein Zutrittsrecht auf die Baustelle, um die Ausführung der Leistungen zu überwachen. Der Auftraggeber muss die Möglichkeit haben, die wirkliche Bauausführung mit den Ausführungsunterlagen (z. B. Leistungsverzeichnis) zu vergleichen.
   Beim Überwachungsrecht des Auftraggebers handelt es sich lediglich um eine Befugnis, aus der keine Pflicht abgeleitet werden kann.

4. **Anordnungsrecht (§ 4 Abs. 1 Nr. 3 und 4 VOB/B)**
   Der Auftraggeber hat das Recht Anordnungen zu treffen, die zur vertragsgemäßen Ausführung der Leistungen notwendig sind. Der Auftraggeber ist jedoch nicht berechtigt, die Leitung der Durchführung zu übernehmen oder den Arbeitern des Auftragnehmers bzw. dessen Nachunternehmern konkrete Einzelanweisungen zu erteilen. Hat der Auftragnehmer Bedenken gegen die Anordnungen des Auftraggebers, sind diese schriftlich an den Auftraggeber geltend zu machen (§ 4 Abs. 1 Nr. 4).

5. **Bereitstellungspflicht (§ 4 Abs. 4 VOB/B)**
   Der Auftraggeber hat dem Auftragnehmer unentgeltlich zur Nutzung oder Mitbenutzung die notwendigen Lager- und Arbeitsplätze sowie Zufahrtswege und Anschlüsse für Wasser und Energie zur Verfügung zu stellen, sofern im Vertrag nichts anderes vereinbart wurde. Die Kosten für den Verbrauch und die Messung trägt der Auftragnehmer.

6. **Mangelbeseitigungsanspruch des Auftraggebers (§ 4 Abs. 7 VOB/B)**
   Der Mangelbeseitigungsanspruch (vor der Abnahme) und die entsprechenden Rechtsfolgen lassen sich durch folgende Struktur verdeutlichen:

Mangelbeseitigungsanspruch des Auftraggebers nach §4 Abs. 7 VOB/B
Mängel oder vertragswidrige Leistungen (z. B. matter Anstrich statt glänzenden), die bereits *während* der Bauausführung entstehen, hat der Auftragnehmer auf eigene Kosten durch mangelfreie Leistungen zu ersetzen.

Unter bestimmten Voraussetzungen besteht ein *Schadensersatzanspruch* des Auftraggebers bei weiterbestehendem Vertrag (z. B. für Mangelfolgeschäden).	*Kündigungsrecht* des Auftraggebers nach Ablauf einer angemessenen, exakt bestimmten Nachfrist mit entsprechender Kündigungsdrohung. Die Kündigung hat schriftlich zu erfolgen.

Das **BGB** kennt keine Mängelbeseitigungspflicht vor der Abnahme. Allerdings kann die Abnahme bei wesentlichen Mängeln verweigert werden, sodass de facto die Abnahme keine Voraussetzung für den Mangelbeseitigungsanspruch ist.

Nach §4 VOB/B hat der **Auftragnehmer** folgende Pflichten:

1. **Ausführung in eigener Verantwortung (§4 Abs. 2 VOB/B)**
   Die Verantwortlichkeit des Auftragnehmers für die vertraglich übernommene Leistung entspricht dem, was von einem fachkundigen, erfahrenen Auftragnehmer seines Gewerbes erwartet werden kann. Dazu zählen auch die Leitung der Ausführung und die Aufrechterhaltung der Ordnung auf der Baustelle.
2. **Ausführung nach den anerkannten Regeln der Technik (§4 Abs. 2 VOB/B)**
   Der Auftragnehmer hat bei der Leistungserbringung stets die aktuellen anerkannten Regeln der Technik einzuhalten. Dies gilt auch bei einem BGB-Vertrag. Die Anwendung der DIN-Normen, der Allgemeinen Technischen Vertragsbedingungen und anderer technischer Vorschriften und Merkblätter legt die Vermutung nahe, dass die Regeln der Technik eingehalten wurden. Vorsicht ist geboten, wenn diese schriftlich fixierten Regeln nicht auf dem neuesten Stand sind (vgl. Seite 148).
3. **Ausführung unter Beachtung der gesetzlichen und behördlichen Bestimmungen (§4 Abs. 2 VOB/B)**
   Dazu zählt beispielsweise die Einhaltung der Verkehrssicherungspflicht, des Bundesimmissionsschutzgesetzes oder der Energieeinsparverordnung

(EnEV). Außerdem ist der Auftragnehmer zur Einhaltung der gesetzlichen, behördlichen und berufsgenossenschaftlichen Verpflichtungen gegenüber seinen Arbeitnehmern allein verantwortlich (§ 4 Abs. 2 Nr. 2).

4. **Prüfungs- und Hinweispflicht des Auftragnehmers (§ 4 Abs. 1 Nr. 4 und Abs. 3 VOB/B)**

   Der Auftragnehmer schuldet eine vertragsgerechte und mangelfreie Leistung. Deshalb kann der Auftraggeber davon ausgehen, dass der Auftragnehmer über die von einem Fachmann zu erwartenden Kenntnisse verfügt. Die Prüfungs- und Hinweispflicht ist eine wichtige Vertragspflicht, die zwar in der VOB eine besondere Ausgestaltung erfährt, aber grundsätzlich auch für **BGB**-Verträge gilt. So hat der Auftragnehmer nach § 4 VOB/B insbesondere *Bedenken anzumelden* hinsichtlich:

   a) der Leistungsbeschreibung
      Beispiel 1: Da Algen oder Pilze auch mit Bioziden nicht dauerhaft zu verhindern sind, muss der Auftraggeber bei Gefahr eines mikrobiellen Befalls darüber informiert werden.
      Beispiel 2: Der Kunde verlangt eine Acrylfuge am Übergang zwischen Massivbauteilen und Trockenbauarbeiten zur Vermeidung von Rissen. Eine dauerhaft rissfreie Ausführung allein durch Acrylfugen ist an solchen Anschlüssen nicht möglich. In diesem Fall sind Bedenken gegen die Leistungsbeschreibung bzw. die geforderte Rissfreiheit notwendig.
      Beispiel 3: Wenn der Kunde eine Schlussbeschichtung auf WDVS mit einem Hellbezugswert < 20 verlangt.

   b) der vorgeschriebenen Materialien, Maschinen und Normen
      (Beispiel: Auf Zinkuntergrund wird eine Beschichtung auf Alkydharzbasis vorgeschrieben.)

   c) der Ausführungsdauer und des Ausführungszeitpunkts
      (Beispiel: Tapezierung auf noch feuchtem Gipsputz wird verlangt.)

   d) des Untergrundes bzw. der Leistungen des Vorunternehmers oder angrenzender Gewerke, sofern sie die eigene Leistung betreffen (Beispiel: Unebenheiten an Fertigbetondecken im Bereich der Stoßfugen.)
      Die Rechtsprechung hat bei mangelhaften Vorunternehmerleistungen die Anforderungen an die Prüf- und Hinweispflicht erhöht.

   e) der Güte der vom Auftraggeber gelieferten Materialien

   f) der einzuhaltenden Unfallvorschriften
      (Beispiel: Das vom Auftraggeber gestellte Gerüst entspricht nicht den Vorschriften der Bauberufsgenossenschaft.)

g) bindender Anordnungen des Auftraggebers (Beispiel: Planungsvorgaben entsprechen nicht dem Stand der Technik.)

Anforderungskriterium ist der sachkundige, erfahrene Fachmann, der aufgrund des zu verlangenden Wissenstandes Bedenken haben müsste. Spezielle Hinweise zur Prüfungs- und Hinweispflicht finden sich in den Kommentaren zur entsprechenden ATV im Abschnitt 3.1.1.

Als Prüfmethoden bei Beschichtungs- und Tapezierarbeiten kommen insbesondere folgende baustellenübliche Verfahren zum Einsatz:

- **Augenschein**: Gemeint ist die unmittelbare Wahrnehmung durch Sehen. Die Augenscheinprüfung ist immer der erste Schritt und wird gegebenenfalls durch weitere Methoden ergänzt.
- **Abklopfen**: Beispielsweise mit einem Hammer, um nicht haftende Ausbesserungs- oder Hohlstellen festzustellen.
- **Wischprobe**: Um kreidende, mehlige, sandige Untergründe oder Verschmutzungen festzustellen.
- **Benetzungsprobe**: Die zu prüfende Fläche wird mit Wasser benetzt, um feine Risse oder die Saugfähigkeit des Untergrundes zu erkennen.
- **Kratzprobe**: Die Prüfung der Haftfestigkeit des Untergrundes bzw. alter Beschichtungen durch Kratzen mit einem festen, kantigen Gegenstand (z. B. Messer, Spachtel, Schraubenzieher).
- **Klebebandabreißtest**: Ca. 10 cm Klebeband fest andrücken und ruckartig abreißen zur Ermittlung der Tragfähigkeit vorhandener Beschichtungen.
- **Feuchtigkeitsmessung**: Der Feuchtigkeitsgehalt des Untergrundes kann mit einem Feuchtemessgerät festgestellt werden.
- **Lösemittelprobe**: Zur Prüfung, um welche Art der Altbeschichtung es sich handelt.
- **Gitterschnittprüfung**: In die bestehende Beschichtung werden in einem vorgeschriebenen Abstand jeweils 6 parallel verlaufende Ritzschnitte im rechten Winkel zueinander angebracht, sodass ein Gitter von 25 Quadraten ensteht. Das Ergebnis wird entsprechend einer Tabelle bewertet.
- **Schichtdickenmessung**: Schichtdicken können mittels eines Messkamms im nassen Lackfilm oder bei vorhandenen Beschichtungen mit elektronischen Messgeräten bestimmt werden. Sie kommen vor allem beim Korrosions- und Brandschutz zum Einsatz.

Detaillierte Hinweise zur Untergrundprüfung geben die BFS-Merkblätter, insbesondere das Merkblatt Nr. 20 »Baustellenübliche Prüfungen zur Beurteilung des Untergrundes für Beschichtungs- und Tapezierarbeiten«. Es enthält neben den wichtigsten Prüfmethoden, dem Umfang der Prüfungen, der Erkennung von Fehlern im Untergrund bzw. den Vorleistungen sowie technischen Hinweisen und Maßnahmen auch Formulierungshilfen für die Anmeldung von Bedenken.
Zu beachten sind grundsätzlich die rechtlichen Anforderungen an die Prüfungs- und Hinweispflicht nach §4 Abs. 3 VOB/B (siehe Grafik unten).

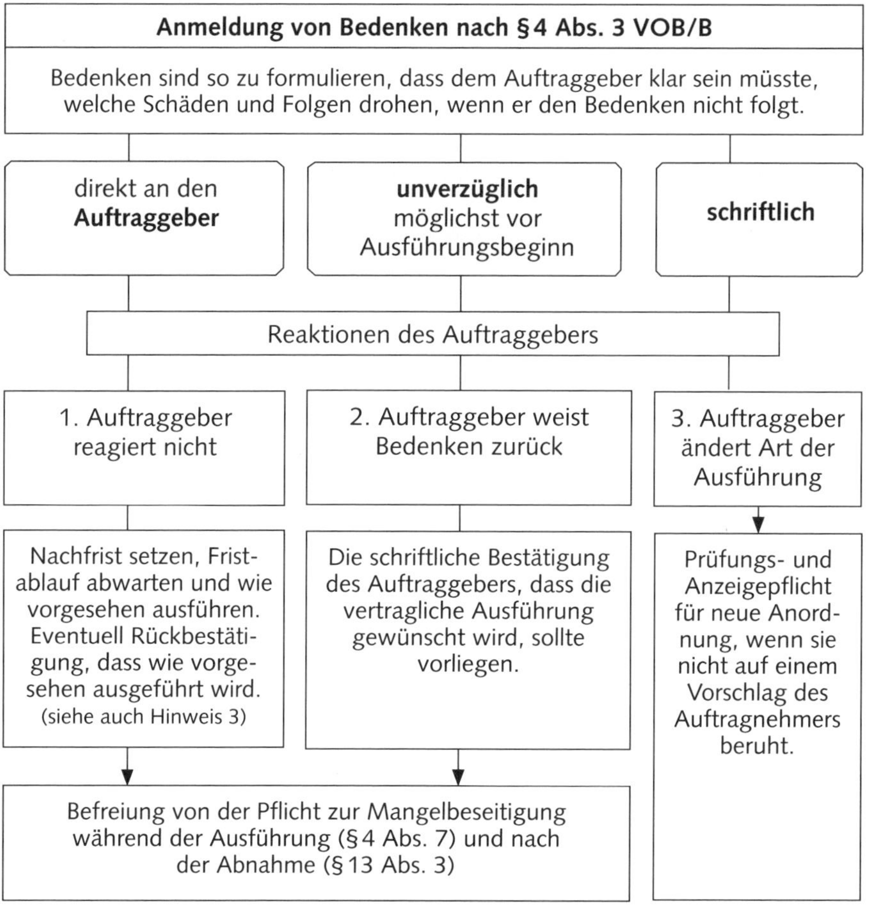

Hinweise

- Die Prüf- und Hinweispflicht entsteht erst nach Vertragsabschluss, sollte aber vor Beginn der Ausführung erfolgen. Das wird jedoch nicht immer möglich sein, da bestimmte Sachverhalte (z. B. mangelhafte Vorleistung oder ungenügende Haftung des Untergrundes) sich erst im Zug der Bauausführung ergeben.
- Der Auftragnehmer ist nicht verpflichtet, dem Auftraggeber mitzuteilen, wie Abhilfe geschaffen werden kann. In vielen Fällen ist dies aber sinnvoll. Außerdem sollten Bedenkenanzeigen immer mit einer Fristsetzung verbunden sein, um den Bauablauf nicht zu verzögern.
- Der Auftraggeber hat aufgrund des Kooperationsgebots die Pflicht, im Rahmen des Bedenkenhinweises zu reagieren und eine Anordnung zu treffen. Ist die Nachfrist verstrichen, kann der Auftragnehmer auch die Leistung verweigern und Behinderung anmelden.

Tipp: Achten Sie darauf, dass Sie für den Zugang von Bedenkenanmeldungen und Rückbestätigungen des Auftraggebers einen Nachweis haben. Folgende Verfahren sind geeignet: Einschreiben mit Rückantwort oder Brief schreiben (mit Unterschrift), einscannen und als Anhang an eine E-Mail versenden, im Zweifel den Brief im Original nachsenden. In Ausnahmefällen empfiehlt sich die Zustellung durch einen Gerichtsvollzieher, weil dieser die Zustellung genau des Schreibens beurkundet, mit dessen Zustellung er beauftragt wurde (§ 192 ZPO).

In der Praxis melden Unternehmer häufig ihre Bedenken in der Weise an, dass sie ihr Schreiben »an den Auftraggeber über den Architekten« richten. Diese Praxis erfüllt die Anforderungen des §4 Abs. 3 VOB/B nicht und ist insbesondere dann problematisch, wenn Bedenken gegen die Planung des Architekten bestehen.

Um das Verhältnis zwischen Bauleitung und Auftragnehmer nicht unnötig zu belasten, kann bei Problemen geringeren Umfangs zunächst mündlich mit dem Architekten die Situation besprochen werden. Die förmliche Anmeldung von Bedenken sollte dann erst bei dessen Beharren auf der ursprünglichen Planung eingeleitet werden.

- Ein Muster-Formular zur Anmeldung von Bedenken für die Auftragsmappe vor Ort steht als **Download** zur Verfügung.

5. **Schutzpflicht des Auftragnehmers (§4 Abs. 5 VOB/B)**
   Der Auftragnehmer hat die auszuführenden Leistungen *bis zur Abnahme* vor Beschädigung und Diebstahl zu schützen. Beschädigungen sind deshalb bis zur Abnahme ohne Vergütung zu beseitigen. Dies gilt auch bei einem **BGB**-Vertrag (§644 Abs. 1 BGB). Nach VOB/C DIN 18299 gehört auch der Schutz vor Niederschlagswasser als Nebenleistung zur Schutzpflicht des Auftragnehmers.

   Tipp: Das Problem schwer zu schützender Bauteile, wie z. B. Treppenhäuser, möglichst schon bei der Vertragsverhandlung/Vergabe ansprechen und entsprechende Regelungen treffen, beispielsweise unter welchen Bedingungen Teilabnahmen gemacht werden können. Bei **BGB**-Verträgen besteht nicht automatisch ein Anspruch auf Teilabnahmen; sie müssen extra vereinbart werden.

6. **Pflicht zur Beseitigung vertragswidriger Stoffe und Bauteile (§4 Abs. 6 VOB/B)**
   Werkstoffe oder Bauteile, die noch nicht verarbeitet oder eingebaut sind und auf der Baustelle lagern, jedoch nicht den vertraglichen Vereinbarungen oder Proben und Mustern entsprechen, hat der Auftragnehmer auf Anweisung des Auftraggebers innerhalb einer angemessenen Frist zu entfernen.

7. **Selbstausführungspflicht des Auftragnehmers (§ 4 Abs. 8 VOB/B)**
   Der Auftragnehmer hat – anders als beim BGB-Vertrag – die Pflicht, die vereinbarten (Bau-)Leistungen im *eigenen* Betrieb auszuführen. Dies gilt nicht für Materialbeschaffung, Gerüste oder für Neben-, Hilfs- oder Spezialleistungen geringen Umfangs, auf die der Betrieb des Auftragnehmers nicht eingerichtet ist. Die Weitergabe von Leistungen an Nachunternehmer ist nur mit schriftlicher Zustimmung des Auftraggebers möglich. Bei Pflichtverletzung hat dieser ein *Kündigungsrecht*. Für Verträge mit Nachunternehmern, die Bauleistungen erbringen, sind nach §4 Abs. 8 Nr. 2 die Teile B und C der VOB zugrunde zu legen. Außerdem hat der Auftragnehmer dem Auftraggeber die Nachunternehmer und deren Nachunternehmer ohne Aufforderung spätestens bis zum Leistungsbeginn mit Namen, gesetzlichen Vertretern und Kontaktdaten bekannt zu geben.

2. Leistung und Vergütung

a) Leistung und vereinbarte Vergütung nach §2 VOB/B

Nach §2 Abs. 1 VOB/B werden durch die vereinbarten Preise *alle* Leistungen abgegolten, die zur vertraglichen Leistung gehören. Der Leistungsumfang von Werk- und Bauverträgen ergibt sich daher wie folgt:

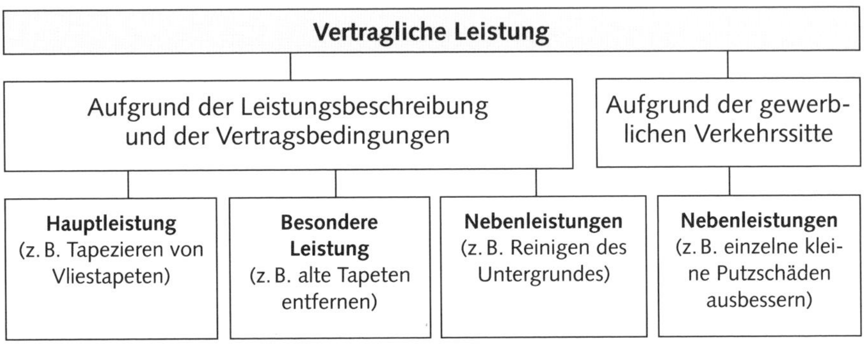

Die Leistungsbeschreibung und die weiteren Vertragsbedingungen können neben Hauptleistungen auch Besondere Leistungen und Nebenleistungen enthalten. Strittig ist in der Praxis jedoch immer wieder, welche Leistungen aufgrund der gewerblichen Verkehrssitte ohne besondere Vergütung zusätzlich auszuführen sind. In der Regel wird es sich dabei um Nebenleistungen gemäß Abschnitt 4.1 der jeweiligen ATV handeln. Was zur gewerblichen Verkehrssitte gehört und daher auch ohne Erwähnung im Vertrag zur geforderten vertraglichen Leistung zählt, gilt für VOB- und BGB-Verträge gleichermaßen.

Wichtige Erläuterungen zu den in den ATV gemachten Abgrenzungen zwischen Besonderen Leistungen und Nebenleistungen sind den Ausführungen der jeweiligen Kommentare zur VOB/C zu entnehmen. Exemplarisch soll an zwei Problemfeldern der ATV DIN 18363 gegenübergestellt werden, wie sich das Verhältnis von Nebenleistungen und Besonderen Leistungen darstellt.

Nebenleistung nach DIN 18363	Erläuterung zur Nebenleistung	Besondere Leistung
Abschnitt 4.1.3 Schutz von Bau- und Anlagenteilen vor Verunreinigungen und Beschädigungen während der Arbeiten	Es geht um einfache Maßnahmen zum Schutz der Bauteile durch loses Abdecken, Abhängen oder Umwickeln wie z. B.: – Loses Abdecken des Bodens mit Papier und dünner Folie. – Loses Zuhängen von Fenstern und Türen mit Papier oder dünner Folie. – Loses Abdecken von Möbeln, Sanitäreinrichtungen etc.	Besondere Maßnahmen zum Schutz von Bau- und Anlagenteilen sowie Einrichtungsgegenständen (Abschnitt 4.2.11) sind z. B.: – Abdecken des Bodens mit Tetra-Pack-Papier, Abdeckvlies oder Bautenschutzfolie ab 0,2 mm Dicke. – Abdecken von Fenstern, Türen, Treppen mit Folie und Klebebändern. – Abkleben von Fensterbänken, Heizkörpern. – Staubdichtes Abkleben von empfindlichen Einrichtungen und Geräten.
Abschnitt 4.1.6 Reinigen des Untergrundes	Dazu zählt das Entfernen von vereinzelten Mörtel- und Putzspritzern und dergleichen, wenn sie nicht fest haften und sich durch Abkehren mit dem Besen oder leichtes Abstoßen mit der Spachtel ohne Beschädigung des Untergrundes entfernen lassen.	Reinigen des Untergrundes von grober Verschmutzung, z. B. Gipsresten, Mörtelresten, Farbresten, Öl, soweit die Verschmutzung nicht durch den Auftragnehmer verursacht wurde (Abschnitt 4.2.10). Die Beseitigung dieser Verschmutzungen ist (nur) durch Abschlagen, Abstoßen, Kratzen, Schleifen, Abbürsten oder Abwaschen mit Lösemittel oder mittels Hochdruckwasserstrahlen möglich.

Wird eine im Vertrag nicht vorgesehene, aber notwendige *Zusatzleistung*, die nicht Nebenleistung ist, verlangt (z. B. das Nachspachteln von Fugen und Stößen bei Gipskartonplatten gemäß DIN 18366 Abschnitt 4.2.16), besteht nach § 2 Abs. 6 **VOB/B** ein Anspruch auf gesonderte Vergütung. Dieser muss jedoch *vor* Ausführung der Leistung angekündigt werden. Dasselbe gilt für zusätzliche, aber nicht notwendige Leistungen, die auf Wunsch des Auftraggebers vorgenommen werden und in unmittelbarer Abhängigkeit von der bisher vereinbarten Leistung stehen (z. B. ein zusätzlicher Schutzanstrich mit Dispersionslack auf einer bereits mit Dispersionsfarbe gestrichenen Glasfasertapete).
Ein Vergütungsanspruch für (notwendige) Zusatzleistungen besteht auch bei **BGB**-Verträgen (§ 632 Abs. 1 BGB). Eine vorherige Ankündigung ist nicht erforderlich. Erzielen die Vertragsparteien eines **Bauvertrags** keine Einigung über die Mehr- oder Mindervergütung einer Änderung und hat der Auftraggeber diese nach § 650b Abs. 2 angeordnet, regelt sich der Vergütungsanspruch des Auftragnehmers nach § 650c BGB.

Hinweise

1. Zusatzaufträge kommen nur dann wirksam zustande, wenn die Vertragsparteien diese ausdrücklich vereinbaren (vgl. §2 Abs. 8). Auch Zusatzaufträge sind deshalb am besten schriftlich abzuschließen oder unter Hinzuziehung eines Zeugen, denn beweispflichtig ist immer der Auftragnehmer.
2. Erteilt der Bauleiter des Auftraggebers kleinere Zusatzaufträge, um den Baufortschritt nicht zu gefährden, kann dies durch die Architektenvollmacht abgedeckt sein. Um Streitigkeiten zu vermeiden ist es aber sinnvoll, dem Auftraggeber unverzüglich eine schriftliche *Auftragsbestätigung* zukommen zu lassen.

Werden vertraglich nicht geschuldete **Leistungen ohne Auftrag** ausgeführt, besteht grundsätzlich kein Vergütungsanspruch. Auch die unwidersprochene Entgegennahme der zusätzlichen Leistung durch den Auftraggeber ist noch keine Anerkenntnis. Nach §2 Abs. 8 VOB/B gibt es allerdings zwei Ausnahmen, die einen Vergütungsanspruch bewirken, wie das folgende Schaubild zeigt:

Voraussetzungen zur Vergütung von Leistungen ohne Auftrag

1. Nachträgliche Anerkennung	**2. Anerkennung unter den Voraussetzungen von § 2 Abs. 8 Nr. 2 VOB/B**
Der Auftraggeber erkennt die Leistungen nachträglich an. (Dies kann auch stillschweigend durch entsprechendes Verhalten erfolgen.)	Wenn folgende Sachverhalte zutreffen: → Leistung war objektiv zur Erfüllung des Vertrages notwendig **und** → Leistung entsprach dem mutmaßlichen Willen des Auftraggebers **und** → die Ausführung der Leistung wurde dem Auftraggeber unverzüglich angezeigt.

Hinweise

1. Beim **BGB**-Vertrag gelten die Regelungen zur Geschäftsführung ohne Auftrag (§§ 677 ff. BGB). Dort ist die »unverzügliche Anzeige« zwar keine Anspruchsvoraussetzung, aber auf jeden Fall ratsam. Sind die Bedingungen des §2 Abs. 8 Nr. 2 nicht erfüllt, gelten ebenfalls die §§ 677 ff. BGB.
2. Ein Vordruck zur wirksamen Vereinbarung von Zusatz- und Nachtragsaufträgen steht als **Download** zur Verfügung.

b) Vergütung bei Mengenänderungen in Einheitspreisverträgen

Wenn der Auftraggeber oder sein Architekt die Massen der Leistungsbeschreibung selbst erstellt haben, ist nach §2 Abs. 3 VOB/B eine Änderung der Einheitspreise bei Massenänderungen von mehr als 10 % möglich.

- Mengen**über**schreitung
  Es müssen auch tatsächlich Mehr- oder Minderkosten entstanden sein. Der neue Preis gilt nur für die über 110 % hinausgehenden Mengen.
- Mengen**unter**schreitung
  Der neue Preis gilt für die gesamte tatsächlich ausgeführte (Minder-)Menge. Mengenerhöhungen aus Positionen, die den Ansatz um mehr als 10 % übersteigen, müssen jedoch gegengerechnet werden. Allerdings wird nur die über 110 % liegende Mehrmenge herangezogen, wenn dafür nicht bereits nach §2 Abs. 3 Nr. 2 VOB/B ein neuer Preis vereinbart wurde.

Im gesetzlichen Werkvertragsrecht (**BGB**-Vertrag) fehlen zwar vergleichbare Regelungen über Preisanpassungen bei Mengenabweichungen. Trotzdem sind auch hier Preisanpassungen der Einheitspreise nicht ausgeschlossen, wenn eine Störung der Geschäftsgrundlage nach §313 BGB vorliegt.
Die Anpassung von Einheitspreisen bei Massenänderungen wird in AGB häufig ausgeschlossen. Ob entsprechende Ausschlussklauseln AGB-widrig sind, hängt von der jeweiligen Formulierung ab.

3. Behinderung und Unterbrechung

Auf größeren Baustellen treten nicht selten während der Ausführung unvorhergesehene Ereignisse auf, die den Bauablauf teilweise empfindlich stören. Von einer *Behinderung* spricht man dann, wenn sich diese Ereignisse auf den Leistungsablauf hemmend oder verzögernd auswirken, die Leistungen selbst aber nicht unmöglich machen. Weil die Anzeige einer Behinderung nach §6 Abs. 1 VOB/B dem Auftraggeber die Möglichkeit geben soll, bereits eine mögliche Behinderung zu vermeiden, ist diese unverzüglich zu stellen. Eine Behinderungsanzeige ist demnach auch schon dann erforderlich, wenn der Auftraggeber eine konkrete Behinderung befürchtet.
Eine *Unterbrechung* liegt vor, wenn bei den Arbeiten ein nur vorübergehender Stillstand eintritt. Sie ist eine Behinderung in stärkerem Ausmaß.
Das folgende Schema gibt einen Überblick über die Ursachen und Folgen einer Behinderung gemäß §6 VOB/B:

Ursachen und Folgen einer Behinderung nach §6 Abs. 1 bis 4 VOB/B

Streik oder Aussperrung

Umstände aus dem Bereich des Auftraggebers
- Verzögerungen durch den Auftraggeber selbst oder seine Vertreter
- Terminverzögerungen oder mangelhafte Leistung der Vorunternehmer

höhere Gewalt oder andere unabwendbare Umstände

Mitteilung direkt an den **Auftraggeber** (Kopie an Bauleitung)

Schriftlich
(mit konkreter Beschreibung der hindernden Umstände und der Konsequenzen)

Unverzüglich
(sobald der Auftragnehmer die Behinderung kennt oder erkennen kann)

Ansprüche des Auftragnehmers
- Fristverlängerung für die Dauer der Behinderung
- zeitlicher Zuschlag für die Wiederaufnahme der Arbeiten
- weiterer zeitlicher Zuschlag bei Verschiebung in eine ungünstigere Jahreszeit
- zusätzliche Vergütung für Beschleunigungsmaßnahmen, wenn diese vereinbart wurden

Witterungseinflüsse während der Ausführungszeit, mit denen bei Angebotsabgabe normalerweise gerechnet werden musste, gelten nicht als Behinderung (z. B. Frost im März). Langanhaltende Kältewellen, die nur alle zehn bis zwanzig Jahre auftreten, können jedoch zu Fristverlängerungen führen.

Hinweise

1. Können Sie als Auftragnehmer nicht zum vereinbarten Termin mit Ihrer Leistungsausführung beginnen, teilen Sie dieses *unverzüglich* und *schriftlich* dem *Auftraggeber* mit. Richten Sie Ihre Behinderungsanzeige immer an den

Auftraggeber direkt und nicht nur an Architekten oder Bauleiter, die in der Regel keine bevollmächtigten Vertreter sind. Verfahren Sie bei **BGB**-Werkverträgen in gleicher Weise.

2. Die Behinderungsanzeige dient auch dem Schutz des Auftragnehmers, um hindernde Umstände abwenden zu können. Benennen Sie deshalb in der *Behinderungsanzeige* immer genau die Umstände, durch die Sie in der Leistungsausführung behindert sind, und teilen Sie das Ausmaß der Behinderung sowie die davon betroffenen Arbeiten und, wenn möglich, etwaige Mehrkosten mit.
3. Mit der rechtzeitigen Anzeige von Behinderungen allein ist es nicht getan, um Mehrkostenansprüche durchzusetzen. Es ist stets eine bauablaufbezogene Dokumentation mit konkreten Anfangs- und Enddaten und den Ursachen der einzelnen Behinderungen notwendig. Diese fließen dann in einen Vergleich der Soll- und Istzeiten ein. Die wichtigsten Hilfsmittel sind Bautagebücher, Besprechungsprotokolle, Fotodokumentationen, zeitnahe Aufmaße, Vereinbarungen von Zusatzaufträgen und Änderungswünschen sowie Aktennotizen.

   Nach § 6 Abs. 3 ist der Auftragnehmer verpflichtet, den Wegfall der Behinderung anzuzeigen. Dies liegt auch in seinem eigenen Interesse, um später die Dauer der Behinderung rekonstruieren zu können.
4. Eine schriftliche Behinderungsanzeige ist nur dann entbehrlich, wenn dem Auftraggeber die Behinderung selbst und die durch die Behinderungsanzeige mitzuteilenden Tatsachen offenkundig bekannt sind. Offenkundigkeit kann vorliegen, wenn der Auftraggeber umfangreiche Zusatzaufträge erteilt oder größere Änderungen in der Bauausführung anordnet.

   Beweispflichtig, dass eine Anzeige wegen Offenkundigkeit entbehrlich war, ist jedoch immer der Auftragnehmer.
5. Während *Schadensersatzansprüche* (z. B. zusätzliche Lohn-, Vorhalte-, Lager- und Fahrtkosten) Vorsatz oder Fahrlässigkeit des Auftraggebers voraussetzen, besteht der Entschädigungsanspruch nach § 642 BGB unabhängig von einem Verschulden. Danach soll der Auftragnehmer einen Ausgleich dafür erhalten, dass er seine Zeit, seine Arbeitskräfte und Geräte vorgehalten hat. Ansprüche nach § 642 BGB gelten für **BGB**- und **VOB**-Verträge gleichermaßen.
6. Ein Muster-Formular »Behinderungsanzeige« für die Auftragsmappe vor Ort steht als **Download** zur Verfügung. Umfangreichere Behinderungsanzeigen bedürfen individueller Schreiben durch den Unternehmer.

4. Stundenlohnarbeiten

a) Pflichten des Auftragnehmers

Stundenlohnarbeiten (Regiearbeiten, Rapportarbeiten) werden grundsätzlich nur dann vergütet, wenn sie vor ihrem Beginn *ausdrücklich vereinbart* wurden. Beweispflichtig für eine rechtswirksame Vereinbarung ist immer der Auftragnehmer. Daneben bestehen nach § 15 VOB/B eine Reihe von Pflichten seitens des Auftragnehmers, um die Vergütung sicherzustellen. Das **BGB** kennt keine entsprechenden Bestimmungen zu Stundenlohnverträgen. Jedoch ist die Einhaltung dieser Pflichten auch bei BGB-Verträgen sinnvoll, obwohl dort der Stundenlohnzettel nicht obligatorisch ist.

• Anzeigepflicht

Der Auftragnehmer muss dem Auftraggeber oder seinem Bauleiter die Ausführung der Stundenlohnarbeiten vor Beginn anzeigen, um diesen die Kontrolle des Umfangs bzw. der Dauer zu ermöglichen. Die Anzeigepflicht ist nur entbehrlich, wenn die Vereinbarung unmittelbar vor der Ausführung getroffen wurde. Bei Verletzung dieser sogenannten *Nebenpflicht* trägt der Auftragnehmer die Beweislast für die entstandenen Aufwendungen und haftet für eventuell auftretende Mehrkosten, die durch die nachträgliche Prüfung entstehen. Über die Form der Anzeige sagt die VOB nichts. Aus Beweisgründen ist es zumindest bei einer größeren Stundenzahl sinnvoll, die Schriftform zu wählen.

• Stundenlohnzettel führen und einreichen

Der Auftragnehmer hat über die geleisteten Arbeitsstunden und den dabei erforderlichen, besonders zu vergütenden Aufwand Stundenlohnzettel (Rapportzettel) zu führen. Diese sollen je nach Verkehrssitte werktäglich, mindestens aber wöchentlich beim Auftraggeber eingereicht werden, wenn der Bauvertrag nichts anderes vorsieht. Im Vertrag kann auch ausdrücklich vereinbart werden, dass die Stundenlohnzettel an den Architekten »einzureichen« sind. Grundsätzlich ist darauf zu achten, dass neben den erforderlichen Angaben auf dem Rapportzettel nur solche Leistungen vermerkt werden, die nicht schon zu Einheits- oder Pauschalpreispositionen im Leistungsverzeichnis gehören.
Ein Muster für einen Stundenlohnzettel (Rapportzettel/Regiebericht) mit allen notwendigen Angaben steht als **Download** zur Verfügung.

• Prüfbare Stundenlohnrechnungen einreichen

Der Auftragnehmer hat prüfbare Stundenlohnrechnungen so schnell wie möglich, spätestens jedoch in Abständen von *vier Wochen* beim Auftraggeber einzureichen. Stundenlohnrechnungen sind in der Regel dann prüfbar, wenn sie sich auf eingereichte und bestätigte Stundenlohnzettel beziehen und für den Auftraggeber eindeutig und nachvollziehbar sind.

b) Pflichten des Auftraggebers

• Rückgabepflicht der Stundenlohnzettel

Der Auftraggeber hat die von ihm bescheinigten Stundenlohnzettel *innerhalb von sechs Werktagen* mit oder ohne schriftliche Einwendungen an den Auftragnehmer zurückzugeben (§ 15 Abs. 3 VOB/B). Nicht fristgerecht zurückgegebene Stundenlohnzettel gelten als anerkannt. Die Anerkennung ist rechtlich ein sogenanntes *deklaratorisches Schuldanerkenntnis* mit der Folge, dass der Auftraggeber an die in den Stundenlohnzetteln enthaltenen (und nicht monierten) Angaben nur solange gebunden ist, bis er den Beweis für deren Unrichtigkeit erbringt. Die Unterschrift des Auftraggebers bestätigt nur, dass die Arbeiten tatsächlich beauftragt und ausgeführt wurden. Er kann aber immer behaupten, dass die bescheinigten Leistungen (z. B. 50 Stunden) in dieser Höhe nicht erforderlich waren, weil unwirtschaftlich gearbeitet wurde. Er muss dies aber beweisen können.

Die Anerkennung von eingereichten Stundenlohnzetteln nach sechs Werktagen gilt nicht, wenn die VOB/B nicht »als Ganzes« vereinbart wurde, und sie gilt auch nicht bei **BGB**-Verträgen.

Streit gibt es in der Praxis immer wieder darüber, ob **Architekten** oder **Bauleiter** selbst berechtigt sind, Stundenlohnarbeiten zu beauftragen, und welche Rechtswirkung deren Unterschrift auf einem Stundenlohnzettel hat. Die Unterschrift des Bauleiters auf einem Stundenlohnzettel beweist zwar, dass die Arbeiten gemacht wurden, aber nicht, dass sie in dem dokumentierten Umfang auch notwendig waren. Und sie gilt keinesfalls als Vereinbarung von Stundenlohnarbeiten, denn von der originären *Architektenvollmacht* ist die Anerkennung von Stundenlohnzetteln mit Wirkung für den Bauherrn jedenfalls nicht gedeckt.
Werden von **privaten** Auftraggebern Stundenlohnzettel unterzeichnet, gelten diese Arbeiten auch als beauftragt. Einwendungen, dass die Rapportstunden nicht in der erforderlichen Höhe notwendig waren, sind später trotzdem noch möglich. Allerdings muss der Kunde dies auch beweisen können.

• **Bezahlung der Stundenlohnrechnungen**
Der Auftraggeber hat unter den genannten Bedingungen die Pflicht, Stundenlohnrechnungen für anerkannte bzw. nicht fristgerecht zurückgegebene Stundenlohnzettel zu begleichen. Für deren Fälligkeit gilt § 16 VOB/B. Handelt es sich um Stundenlohnabschlagsrechnungen tritt die Fälligkeit 21 Tage nach Zugang der Rechnung ein, bei Schlussrechnungen in der Regel nach 30 Tagen. Stundenlohnrechnungen bei **BGB**-Verträgen werden sofort fällig, falls nichts anderes vereinbart wurde.

5. Kündigung

Die Kündigung ist eine einseitige, empfangsbedürftige Willenserklärung und bedarf beim *Bauvertrag* nach BGB und bei allen VOB-Verträgen der Schriftform. Beim einfachen BGB-Werkvertrag kann die Kündigung formlos erfolgen, sofern vertraglich nichts anderes vereinbart wurde.

a) Kündigung des Auftraggebers

• **Freie Auftraggeberkündigung**
Bei der Kündigung ohne Grund (§ 648 BGB und § 8 Abs. 1 VOB/B) spricht man von der *freien Auftraggeberkündigung*. Dieses Recht kann nicht durch AGB oder Formularverträge ausgeschlossen werden, sondern nur aufgrund von Individualvereinbarungen. Weil dem Auftragnehmer grundsätzlich keine Vermögenseinbußen entstehen sollen, sind folgende ergänzende Hinweise zur Verfahrensweise zu beachten:

1. Kündigt der Auftraggeber den Vertrag vor dem vereinbarten Ausführungsbeginn, kann der Auftragnehmer in der Regel von der gesamten Auftragssumme, also von den im Leistungsverzeichnis angegebenen Massen, ausgehen und die ersparten Aufwendungen (Lohnkosten inkl. der baustellenbezogenen Gemeinkosten, Material- und Gerätekosten , sowie Kosten für Nachunternehmer) – am besten positionsweise – abziehen.
2. Kündigt der Auftraggeber *während* der Ausführung, kann der Auftragnehmer die bereits ausgeführten Leistungen entsprechend den Vertragspreisen abrechnen und für die nicht ausgeführten Leistungspositionen wie oben erwähnt verfahren. Voraussetzung für die Vergütung ist die rechtsgeschäftliche Abnahme und eine prüfbare Schlussrechnung des Auftragnehmers.

3. Als Ersparnis muss sich der Auftragnehmer nur solche Aufträge anrechnen lassen, die er durch die Kündigung *zusätzlich* erhalten kann. Ein Vorziehen bereits vorhandener Aufträge gilt nicht als Ersparnis.
4. Für die noch nicht erbrachten Leistungen können statt einer Aufstellung der ersparten Aufwendungen auch pauschal 5 % der vereinbarten Vergütung angesetzt werden (§ 648 Satz 3 BGB).

- **Kündigung aus wichtigem Grund nach § 648a BGB**

Nach § 648a BGB kann der Auftraggeber den Vertrag ohne Einhaltung einer Kündigungsfrist beenden, sofern dem kündigenden Teil die Fortsetzung des Vertragsverhältnisses bis zur Fertigstellung nicht zugemutet werden kann. Teilkündigungen für einen abgrenzbaren (nicht abgeschlossenen) Teil des Werks sind möglich. Als wichtiger Grund für die Kündigung durch den Auftraggeber kommt insbesondere die Insolvenz des Auftragnehmers und der Verzug der Vollendung infrage (eine Pflicht zur Mangelbeseitigung vor der Abnahme und die Notwendigkeit der schriftlichen Zustimmung des Auftraggebers für den Subunternehmereinsatz kennt das BGB nicht!). Allerdings ist eine Kündigung nach § 648a BGB erst nach erfolglosem Ablauf einer gesetzten Frist zulässig (§ 314 Abs. 2 BGB).

Der Auftragnehmer hat Anspruch auf Abnahme und Vergütung der bis zur Kündigung erbrachten Leistungen. Beide Vertragsparteien können bei einer Kündigung eine gemeinsame *Zustandsfeststellung* verlangen (§ 648a Abs. 4 BGB). Letzteres gilt auch bei einem **VOB**-Vertrag. Dies ist insbesondere für den Auftragnehmer von Bedeutung, um bei Weiterführung der Arbeiten durch einen anderen Handwerker beweisen zu können, welche Leistungen bis zur Kündigung erbracht wurden.

- **Kündigungsgründe nach § 8 Abs. 3 VOB/B**

Die VOB regelt detaillierter als das BGB die jeweiligen Gründe, die die Vertragsfortsetzung für den Auftraggeber unzumutbar machen. Die Kündigungsgründe und die entsprechenden Rechtsfolgen zeigt folgendes Schema:

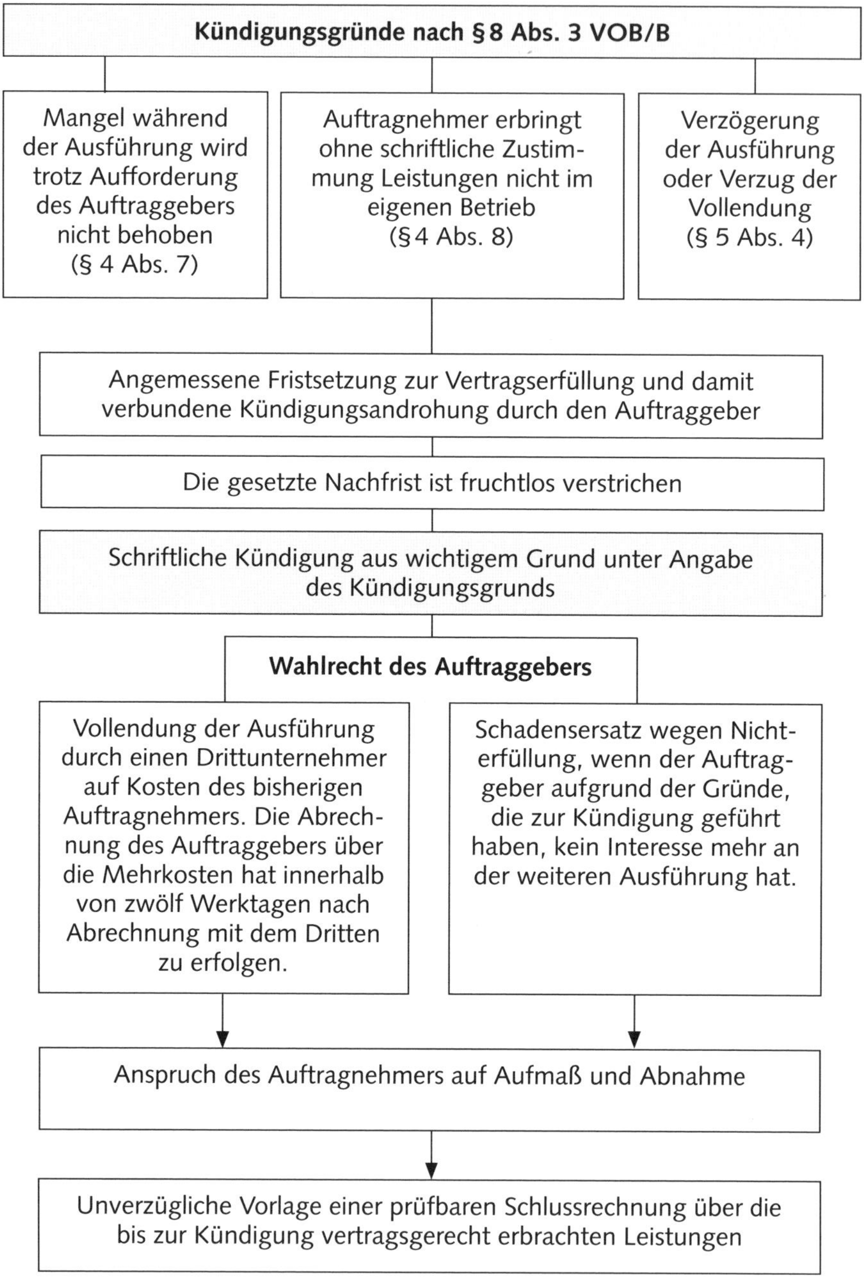
Kündigungsgründe nach § 8 Abs. 3 VOB/B
Mangel während der Ausführung wird trotz Aufforderung des Auftraggebers nicht behoben (§ 4 Abs. 7)
Auftragnehmer erbringt ohne schriftliche Zustimmung Leistungen nicht im eigenen Betrieb (§ 4 Abs. 8)
Verzögerung der Ausführung oder Verzug der Vollendung (§ 5 Abs. 4)
Angemessene Fristsetzung zur Vertragserfüllung und damit verbundene Kündigungsandrohung durch den Auftraggeber
Die gesetzte Nachfrist ist fruchtlos verstrichen
Schriftliche Kündigung aus wichtigem Grund unter Angabe des Kündigungsgrunds
Wahlrecht des Auftraggebers
Vollendung der Ausführung durch einen Drittunternehmer auf Kosten des bisherigen Auftragnehmers. Die Abrechnung des Auftraggebers über die Mehrkosten hat innerhalb von zwölf Werktagen nach Abrechnung mit dem Dritten zu erfolgen.
Schadensersatz wegen Nichterfüllung, wenn der Auftraggeber aufgrund der Gründe, die zur Kündigung geführt haben, kein Interesse mehr an der weiteren Ausführung hat.
Anspruch des Auftragnehmers auf Aufmaß und Abnahme
Unverzügliche Vorlage einer prüfbaren Schlussrechnung über die bis zur Kündigung vertragsgerecht erbrachten Leistungen

Hinweise

1. Basiert die Kündigung nicht auf einem wichtigen Grund gemäß §8 Abs. 2 bis 4 VOB/B oder sind die formalen Voraussetzungen nicht gegeben, handelt es sich um eine freie Auftraggeberkündigung.
2. Ein *Verzug* der Vollendung tritt ein bei Fälligkeit der Leistung und erfolgter Mahnung durch den Auftraggeber oder wenn der Fertigstellungstermin nach dem Kalender genau bestimmbar war. Wurde beispielsweise als Endtermin der 1. Oktober eines entsprechenden Jahres vereinbart, so ist der Auftragnehmer ab 2. Oktober im Verzug; allerdings nur dann, wenn er die Fristüberschreitung zumindest fahrlässig verursacht (verschuldet) hat.

b) Kündigung des Auftragnehmers

Weder das BGB noch die VOB kennen ein allgemeines Kündigungsrecht des Auftragnehmers, sodass bei einer unberechtigten Kündigung der Vertrag weiter besteht.

Besondere Kündigungsmöglichkeiten ergeben sich aus § 642/643 BGB (Annahmeverzug) und § 648a BGB (Kündigung aus wichtigem Grund) bzw. § 6 Abs. 7 VOB/B (Unterbrechung der Bauausführung länger als 3 Monate) und nach § 9 VOB/B.

- **Kündigung aus wichtigem Grund nach §648a BGB**

Auch der Auftragnehmer kann einen Vertrag kündigen, wenn *wichtige* Gründe vorliegen. Dies gilt für BGB- und VOB-Verträge gleichermaßen. So kann ein wichtiger Grund vorliegen, wenn der Auftraggeber darauf beharrt, Leistungen entgegen den Regeln der Technik auszuführen, oder berechtigte größere Nachtragsforderungen endgültig verweigert. Die Ausführungen zu § 648a im Rahmen der Auftraggeberkündigung gelten entsprechend. Sicherheitshalber sollte die Fristsetzung mit einer Kündigungsandrohung verbunden sein und dem Auftraggeber per Einschreiben zugestellt werden.

- **Kündigungsgründe nach §9 VOB/B**

Die Kündigung des Auftragnehmers gemäß § 9 VOB/B und ihre Rechtsfolgen lassen sich als Ablaufschema wie folgt darstellen:

Kündigungsgründe nach §9 Abs. 1 VOB/B

Auftraggeber verletzt seine Mitwirkungspflicht (Annahmeverzug).
- keine rechtzeitige Übergabe der Ausführungsunterlagen und Pläne
- Verletzung der Koordinierungspflicht
- keine rechtzeitige Überlassung von Lagerplätzen und Anschlüssen für Wasser und Energie

Auftraggeber leistet fällige Zahlungen nicht oder gerät sonst in Schuldnerverzug.
- Auftraggeber leistet fällige Abschlagszahlung auch nach Mahnung oder nach Ablauf einer konkreten Zahlungsfrist nicht
- Auftraggeber stellt nicht wie vereinbart das Gerüst

Angemessene Fristsetzung zur Vertragserfüllung und damit verbundene Kündigungsandrohung

Die gesetzte Nachfrist ist fruchtlos verstrichen

Schriftliche Kündigung

unmittelbare Rechtsfolgen nach §9 Abs. 3

Abrechnung der bisher erbrachten Leistungen des Auftragnehmers nach Vertragspreisen

Anspruch des Auftragnehmers auf angemessene Entschädigung nach §642 BGB
- für das Vorhalten von Geräten
- für einen etwaigen Verdienstausfall

Hinweise: Mit einer Kündigung sollte der Auftragnehmer vorsichtig umgehen. Viele Juristen raten, vor einer Kündigung eine weitere Nachfrist zu setzen.

II. Baustellenschriftverkehr

1. Auftragsmappe und Baustellenbesprechungen

a) Auftragsmappe

Für den internen und externen Informationsaustausch während der Ausführungsphase werden in vielen Betrieben standardisierte Formulare und Musterbriefe verwendet. Die Notwendigkeit der schriftlichen Kommunikation mit dem Auftraggeber und seinen Vertretern ergibt sich meist schon aufgrund rechtlicher und vertraglicher Vorschriften oder ist einfach aus Beweisgründen angebracht. Auch die Effizienz der kaufmännischen Baustellenabwicklung und nicht zuletzt die Dokumentation können durch einheitliche Formulare verbessert werden. In der Praxis ist deshalb die Auftragsmappe bzw. der Baustellenordner zu einem unverzichtbaren Hilfsmittel geworden.
Mit der *Auftragsmappe* hat der Vorarbeiter bzw. Baustellenleiter ein Instrumentarium vor Ort, das ihm die rechtliche und organisatorische Abwicklung der Baustelle wesentlich erleichtert. Durch die Dokumentation der auftragsrelevanten Vorgänge entsteht außerdem die notwendige Transparenz, Fehlentwicklungen zu analysieren und unverzüglich die erforderlichen Maßnahmen einzuleiten. Voraussetzung für die richtige Handhabung durch den Baustellenverantwortlichen ist, dass die Formulare die Eintragungen aller sachlich bzw. rechtlich relevanten Informationen erlauben und gleichzeitig übersichtlich gestaltet sind.

Die folgende Aufstellung gibt einen Überblick über die wichtigsten Ausführungsunterlagen und Formulare bzw. Musterbriefe einer Auftragsmappe. Entsprechende Mustervorlagen stehen als **Download** zur Verfügung.

- **Ausführungsunterlagen**
  1. Baustelleninformationen für den Vorarbeiter/Baustellenleiter, eventuell ergänzt um Auszüge aus Straßenkarten, Lageplänen, Bauplänen, usw. (Das Informationsblatt kann auch als Checkliste im Rahmen der Baustellenvorbereitung verwendet werden!)
  2. Zusammenstellung der tatsächlich auszuführenden Leistungen (Arbeitsaufgaben bzw. Arbeitspakete) (Ersatzweise genügt auch das Angebot bzw. die Auftragsbestätigung.)
  3. Bilder von zu bearbeitenden Gebäuden, Bauteilen, Schäden, besonders zu schützenden Einrichtungen oder Erschwernissen, eventuell unter Angabe der entsprechenden Positionsnummer

4. Materialzusammenstellung für die Baustelle und/oder Materiallieferscheine
5. Liste der Vorgabezeiten, eventuell ergänzt um Ablaufplanungen
(Erfolgt die Kalkulation mithilfe einer Branchensoftware, können meist die Vorgabezeiten positionsweise erstellt und gedruckt werden.)

- **Formulare/Musterbriefe**

6. Formular zur Prüfungs- und Hinweispflicht (Bedenkenformular)
7. Formular zur Anzeige von Behinderungen (Behinderungsanzeige)
8. Formular zu den Stundenlohnarbeiten (Rapportzettel/Regiebericht)
9. Formular für Zusatzaufträge (Auftragsbestätigung)
10. Formular für die Abnahme (Abnahmeprotokoll)
11. Formular »Material-/Gerätebestellschein«
12. Formular »Wochen- oder Tageszettel« bzw. »Wochenbericht« (baustellen- oder mitarbeiterbezogen)
13. Formular zur baustellenbezogenen Stundenerfassung (Stundenerfassungsbogen)
(Der Einsatz dieses Formulars ist bei größeren Baustellen sinnvoll, wenn im Betrieb mitarbeiterbezogene Wochenzettel verwendet werden.)
14. Formular für Baustellengespräche (Baustellengesprächsnotiz/Aktennotiz)
15. Aufmaßformulare (liegen in der Praxis meist gesondert als »Aufmaßblock« vor.)
16. Bautagebuch
Bautagebücher dienen der Dokumentation bauausführungsbezogener Daten und werden insbesondere bei größeren Projekten verwendet. Sämtliche relevanten Vorgänge während der Bauausführung werden festgehalten. Bautagebücher sind ein Nachweis für die pflichtgemäße Erfüllung der Leistungen. Die Führung von Bautagebüchern kann sich aus der Verpflichtung im Bauvertrag ergeben. Sie ist auch dort sinnvoll, wo – nicht zuletzt als Beweishilfe – ein erheblicher Dokumentationsbedarf besteht.
Hinweis: Bei manchen Bauvorhaben wird die Bezahlung der Schlussrechnung an die korrekte Führung eines Bautagebuches geknüpft, das dann auch eingefordert wird. Oft wird dabei eine bestimmte Form vorgeschrieben.

Der jeweilige Inhalt einer Auftragsmappe ist abhängig von den organisatorischen Anforderungen des Betriebs und seiner Auftragsstruktur. Manche Be-

triebe werden mit einer »kleinen« Auftragsmappe zurechtkommen, andere dagegen benötigen noch zusätzliche Formulare und Hilfsmittel.
Beim Einsatz der Formulare 6–10 ist zu beachten, dass sie sowohl für den Auftraggeber (und seinen Vertreter) bestimmt sind als auch der betrieblichen Dokumentation dienen. Deshalb sollten diese mindestens mit zwei Durchschlägen vorliegen. Die Anzahl der notwendigen Durchschläge/Kopien aller internen Formulare ist abhängig von der Organisationsstruktur des jeweiligen Betriebs.

b) Baustellenbesprechungen

Baustellenbesprechungen finden sowohl zwischen Kunden (Auftraggebern) und Handwerkern als auch zwischen der Bauleitung und den Auftragnehmern bzw. seinen Gesellen vor Ort statt. Je komplexer und umfangreicher ein Auftrag ist, umso häufiger sind solche Besprechungen notwendig. In jedem Fall ist die schriftliche Fixierung solcher Besprechungen sinnvoll. Bei der Abwicklung von Aufträgen mit Verbrauchern oder bei kleineren Aufträgen mit anderen privaten Auftraggebern liegt es im Interesse des Auftragnehmers, die Ergebnisse von Besprechungen schriftlich festzuhalten und von der anderen Seite gegenzeichnen zu lassen. Dazu steht das Formular »Baustellengesprächsnotiz« als **Download** zur Verfügung.

Auf größeren Baustellen gibt es oft wöchentliche Baubesprechungen, Jour-fixe-Termine und im Bedarfsfall auch Besprechungen mit einzelnen Gewerken. Oft werden die Ergebnisse dieser Besprechungen und auch Anweisungen der Bauleiter von diesen in Protokollen festgehalten und per E-Mail versendet. Da auf mündlich besprochene und in *Baustellenprotokollen* schriftlich fixierte Sachverhalte die Grundsätze des *kaufmännischen Bestätigungsschreibens* anwendbar sind, ist besondere Vorsicht geboten. Der Auftragnehmer muss daher dem Inhalt eines von der Auftraggeberseite erstellten Protokolls *unverzüglich* widersprechen, wenn er mit dessen Inhalt nicht einverstanden ist; unverzüglich meint in diesem Zusammenhang drei bis maximal fünf Arbeitstage. Schweigt der Auftragnehmer, dann werden die im Protokoll getroffenen Vereinbarungen – beispielsweise über Nachträge und verbindliche Termine – wirksam. Dies gilt auch dann, wenn die schriftlich festgehaltene Vereinbarung von der mündlichen Version abweicht. Durch den fehlenden Widerspruch kommt nämlich eine neue Vereinbarung zustande. Dasselbe gilt natürlich auch für den nicht privaten Auftraggeber. Auch dieser muss sich den Inhalt der ihm vom Auftragnehmer zugeleiteten Protokolle zurechnen lassen, wenn er ihnen nicht widerspricht.

2. Nachtragsmanagement

a) Grundsätzliches

In vielen Fällen ist es nicht möglich, komplexe Bauleistungen bereits vor Abschluss der Bauverträge vollständig und bis ins Detail zu beschreiben. Erschwerend kommt hinzu, dass die Abwicklung vieler Bauvorhaben oft unter einem erheblichen Zeitdruck steht. Zudem ist es bei Bauaufträgen nicht unüblich, dass der Auftraggeber vereinbarte Leistungen nach Vertragsabschluss ändert oder zusätzliche Leistungen verlangt. Neben den organisatorischen Herausforderungen für den Auftragnehmer bieten jedoch Leistungsänderungen immer auch eine Chance, Vergütungsänderungen zu erzielen. Häufig gehen dem Unternehmer aber berechtigte Ansprüche verloren, weil seine Mitarbeiter entweder nicht über ausreichende rechtliche Kenntnisse verfügen oder einfach aus Bequemlichkeit den richtigen Zeitpunkt für Nachträge bzw. Nachforderungen verstreichen lassen.

Meist fällt dem Baustellenleiter vor Ort die Aufgabe zu, berechtigte Zusatzansprüche des Auftragnehmers zu erkennen, zu sichern und durchzusetzen. Um dieser Aufgabe gerecht zu werden, sind Hilfsmittel für die praktische Umsetzung zur Verfügung zu stellen. Ein wichtiges Instrument zur Sicherung und Durchsetzung von Ansprüchen ist eine Auftragsmappe mit allen wichtigen Formularen und Musterbriefen. Wer jedoch mit dem betrieblichen Formularwesen nicht vertraut ist, wird dieses auch dann kaum einsetzen, wenn die Sicherung von Vergütungsansprüchen nur eines geringen Schreibaufwands bedarf. Aus diesem Grunde ist die Anwendung der für den Vorarbeiter/Baustellenleiter bereitgestellten Formulare in speziellen Schulungseinheiten zu üben.

b) Ursachen möglicher Nachforderungen

Die **VOB** kennt zahlreiche Möglichkeiten für Nachforderungen. Zu beachten ist, dass diese grundsätzlich an den Auftraggeber zu richten sind. Werden Vereinbarungen über zusätzliche Leistungen und Vertragsänderungen mit dem Bauleiter getroffen, sollten diese dem Auftraggeber mit der Ankündigung etwaiger Mehrkosten möglichst vor Ausführungsbeginn schriftlich bestätigt werden, um den Vergütungsanspruch sicherzustellen (*kaufmännisches Bestätigungsschreiben!*). In gleicher Weise ist zu verfahren, wenn ein gewerblicher Auftraggeber selbst Anordnungen mündlich verlangt. Bei **BGB-Bau**verträgen bedarf es ohnehin der Schriftform.

Eine grundsätzliche Unterscheidung besteht zwischen einem Auftrag und einer Anordnung. Erteilt der Auftraggeber auf der Basis eines Nachtragsangebots einen **Auftrag**, kommt für diese Leistung ein neuer, vergütungspflichtiger Vertrag zustande. Bei einer **Anordnung** handelt es sich um eine einseitige Erklärung des Auftraggebers im Rahmen eines bestehenden Vertrags, die zu einer Änderung der Vergütung führen kann. Anordnungsrechte des Auftraggebers ergeben sich aus § 1 Abs. 3 und 4 VOB/B und § 650b BGB.
Folgende Darstellung gibt einen tabellarischen Überblick über mögliche Nachforderungen bei **VOB**-Verträgen:

Ursachen für Nachforderungen	VOB-Regelung	Formvorschrift Formular	Hinweise
Mengenminderung bei Einheitspreispositionen um mehr als 10 % → Verlangen eines höheren Einheitspreises möglich	§ 2 Abs. 3	am besten schriftlich	Mengenmehrung um mehr als 10 % in anderen Positionen sind gegenzurechnen.
Leistungsänderung → Änderung im Bauentwurf oder andere Anordnungen des Auftraggebers	§ 2 Abs. 5 und § 1 Abs. 3	am besten schriftlich	Recht auf neue Preisvereinbarung. Diese **soll** vor Ausführungsbeginn getroffen werden.
Zusätzliche Leistung → notwendige oder in unmittelbarer Abhängigkeit zur vereinbarten Leistung stehende Zusatzleistung (keine Nebenleistung)	§ 1 Abs. 4 Satz 1 und § 2 Abs. 6	am besten schriftlich (Formular Zusatzauftrag)	Anspruch einer zusätzlichen Vergütung **ist** vor Ausführungsbeginn anzukündigen.
Neuer (Zusatz)auftrag → steht nicht in Abhängigkeit von der vereinbarten Leistung	§ 1 Abs. 4 Satz 2	am besten schriftlich (Formulare zu Zusatzaufträgen)	Neuer, von der bisherigen Preisermittlung unabhängiger Preis.
Erbrachte Leistung ohne Auftrag → Leistung war zur Erfüllung des Vertrags notwendig	§ 2 Abs. 8	unverzügliche (schriftliche) Anzeige erforderlich	Unter bestimmten Voraussetzungen besteht ein Vergütungsanspruch.
Stundenlohnarbeiten → notwendige Zusatzleistung oder nicht notwendiger Zusatzauftrag	§ 2 Abs. 10 und § 15	am besten schriftlich (Formulare zu Zusatzaufträgen bzw. Rapport)	Stundenlohnarbeiten müssen vor Ausführungsbeginn vereinbart werden.

Zusätzliche Leistung aufgrund von Bedenken ➔ Es müssen tatsächlich Mehrkosten entstehen	§ 4 Abs. 3	Schriftform zwingend (Formular Bedenken evtl.+ Zusatzauftrag)	Bedenken sind **vor** Ausführungsbeginn an den Auftraggeber zu richten.
Behinderung oder Unterbrechung ➔ Behinderung ist vom Auftraggeber verursacht und verschuldet	§ 6 Abs. 1 und Abs. 6	Schriftform zwingend (Formular Behinderung)	Fristverlängerung und Schadensersatzanspruch des nachgewiesenen Schadens bei unverzüglicher Anzeige.

Der Gesetzgeber hat in § 650b für **BGB-Bauverträge** ein umfassendes Änderungsrecht des Auftraggebers mit entsprechenden Vergütungsregelungen geschaffen.

Ursachen für Nachforderungen	BGB-Regelung	Formvorschrift Formular	Hinweise
Leistungsänderung ➔ Änderung des vereinbarten Werkerfolgs (Leistungsziels)	§ 650b Abs. 1 Nr. 1	Angebot über Mehr- oder Mindervergütung	Auftragnehmer ist zur Ausführung nur verpflichtet, wenn dies technisch, personell und organisatorisch zumutbar ist.
Leistungsänderung ➔ Änderung ist zur Erreichung des vereinbarten Werkerfolgs notwendig	§ 650b Abs. 1 Nr. 2	Angebot über Mehr- oder Mindervergütung (evtl. Formular Zusatzauftrag – Auftraggeber)	Es besteht ein **Anordnungsrecht** des Auftraggebers (in Textform). Bei Nichteinigung über den Mehr- oder Minderaufwand gilt § 650c BGB.

Nach **§ 650c BGB** hat der Auftragnehmer bei Anordnungen durch den Auftraggeber ein Wahlrecht bei der Berechnung der Nachtragshöhe. Er kann entweder auf eine hinterlegte Urkalkulation zurückgreifen oder die Vergütung nach den tatsächlich erforderlichen Kosten mit angemessenen Zuschlägen für Allgemeine Geschäftskosten sowie Gewinn und Wagnis ermitteln. § 650c Abs. 3 BGB regelt den Anspruch des Auftragnehmers auf *Abschlagszahlungen* bei angeordneten Leistungsänderungen. Können sich die Parteien binnen 30 Tagen nicht über die Vergütung einigen, kann der Auftragnehmer 80 % des Nachtragsangebots als Abschlag fordern, sofern die Leistung mangelfrei erbracht wurde. Hat der Auftragnehmer jedoch die Planungsverantwortung übernommen und das Angebot selbst erstellt, kann er bei Leistungsänderungen zur Erfüllung des vereinbarten Werkerfolgs grundsätzlich keine zusätzliche Vergütung verlangen (§ 650c Abs. 1 Satz 2 BGB).

Für alle einfachen *Werkverträge* auf der Basis des **BGB** sind Preisänderungen aufgrund von Vertragsänderungen nur unzureichend geregelt. Um berechtigte Zahlungsforderungen durchsetzen zu können, sollten alle zusätzlich notwendigen oder vom Auftraggeber verlangten Leistungen schriftlich vor der Ausführung vereinbart werden.

III. Projektüberwachung

1. Kostenkontrolle

a) Auftragsübersicht

Kostenkontrollen sind ein wichtiges Instrument der Projektüberwachung. Dabei gilt: Je komplexer und risikobehafteter ein Auftrag ist, umso differenziertere Kontrollinstrumente sind erforderlich. Die einfachste Form der kostenmäßigen Projektüberwachung besteht in einer *Auftragsübersicht*, die alle laufenden Baustellen bzw. Aufträge mit den wichtigsten Daten enthält. Auftragsübersichten sind meist schon Bestandteile von Branchenprogrammen. Sie können jedoch auch individuell auf der Basis von Tabellenkalkulationen erstellt werden, wie das folgende Beispiel auf Seite 136 zeigt:

Existiert für alle offenen Aufträge bereits eine Aufstellung entsprechend der Tabelle auf Seite 77, können die Daten bei Ausführungsbeginn unmittelbar in die Liste der *aktuellen Aufträge* übertragen werden. Dies sollte für die beiden Aufträge »Schuster« und »Siedlungswerk« spätestens am 9.9. erfolgen. Die Tabelle der aktuellen Aufträge wird dann am Ende einer jeden Woche durch die in diesem Zeitraum geleisteten Stunden ergänzt. Aus den bisher angefallenen Stunden und den in dieser Woche neu hinzugekommenen errechnet sich dann die neue Gesamtstundenzahl. Außerdem sind die bisher aufgelaufenen Gesamtkosten einzutragen. Dazu zählen neben den aufgrund der geleisteten Stunden entstanden Lohn- und Lohngemeinkosten auch alle Material-, Geräte- und Sondereinzelkosten, wie z. B. Fremdleistungen. Die Summe der Materialkosten ergibt sich aus den Materialentnahmescheinen des Lagers und den Lieferscheinen bzw. Rechnungen der direkt für diese Baustelle beschafften Werkstoffe.

Aktuelle Aufträge — Wertschöpfung 53,00 €/Std. — Stand: 06. Sep.

Lfd. Nr.	Kunde	Baustelle	Auftr.-Nr.	Beginn	Auftrags-Summe	Nachunter-nehmer	Material-anteil	Std.-Vorgabe	Std. bisher	Std. akt. Woche	Summe	in %	Kosten bisher
1	Walter GmbH	Daimlerstraße 44	420/04	29.7.	54.800 €	3.600 €	8.800 €	800 Std.	685 Std.	110 Std.	795 Std.	99,4	53.020 €
2	H. Maier	Gemsenweg 4	442/04	19.8.	12.600 €		2.000 €	200 Std.	160 Std.	40 Std.	200 Std.	100,0	11.660 €
3	Hotel Krone	Bahnhofstr. 5	444/04	28.8.	27.100 €	1.800 €	4.500 €	392 Std.	180 Std.	120 Std.	300 Std.	76,5	19.080 €
4	Frau Schön	Horngasse 10	453/04	2.9.	9.200 €		2.000 €	136 Std.	0 Std.	84 Std.	84 Std.	61,8	5.340 €
5	Volksbank	Hauptstraße 4	454/04	2.9.	5.850 €		1.200 €	88 Std.	0 Std.	40 Std.	40 Std.	45,5	2.544 €
6	Fr. Eberle	Fuchsweg 5	455/04	5.9.	2.450 €		550 €	36 Std.	0 Std.	16 Std.	16 Std.	44,4	1.020 €
7	Herr Schuster	Bremer Straße 4	456/04	9.9.	4.800 €		800 €	75 Std.					
8	Siedlungswerk	Dresdner Straße 32	459/04	9.9.	67.400 €		13.500 €	1017 Std.					
9													
										410 Std.			

Abgeschlossene Aufträge — Wertschöpfung: 53,00 €/Std. — Stand: 06. Sep.

Lfd. Nr.	Kunde	Baustelle	Auftr.-Nr.	Fertig	Rechnungs-Summe	Nachunter-nehmer	Material-anteil	Std.-Vorgabe	Std.-Summe	Kosten	Ergebnis	in %
200	Walter Bacher	Wiener Straße 5	451/04	27.8.	1.800 €		540 €	24 Std.	24 Std.	1.530 €	270 €	15,0
201	Müller KG	Maybachstraße 66	440/04	28.8.	11.200 €		2.450 €	165 Std.	175 Std.	11.610 €	-410 €	-3,7
202	Treubau	Elzacher Str. 4	434/04	27.8.	23.500 €	2.400 €	4.400 €	315 Std.	305 Std.	21.600 €	1.900 €	8,1
203	Herr Ulreich	Eichenweg 4	448/04	30.8.	6.700 €		2.450 €	80 Std.	90 Std.	7.160 €	-460 €	-6,9
204	Dr. Michel	Rathausplatz 12	450/04	30.8.	5.550 €		1.550 €	75 Std.	72 Std.	4.960 €	590 €	10,6
205	Walter GmbH	Daimlerstraße 44	420/04	6.9.	55.800 €	3.600 €	9.000 €	815 Std.	795 Std.	53.020 €	2.780 €	5,0
206	H. Maier	Gemsenweg 4	442/04	6.9.	12.750 €		1.950 €	204 Std.	200 Std.	11.660 €	1.090 €	8,5
207												

Fertiggestellte Aufträge (Auftrag Nr. 420/04 und 442/04) werden aus der Liste der aktuellen Aufträge entfernt und in die Tabelle der *abgeschlossenen Aufträge* übernommen (vgl. S. 136). Spätestens mit der Nachkalkulation sind die gesamten Kosten und auch eventuelle Erlösschmälerungen aufgrund von Abzügen durch den Kunden einzutragen. Statt der ursprünglichen Auftragssumme ist die Rechnungssumme anzugeben, weil sich durch Änderungen, Nachträge, usw. erhebliche Differenzen zwischen beiden ergeben können. Wird die Tabelle der abgeschlossenen Aufträge konsequent aktualisiert, vermittelt sie dem Unternehmer jederzeit einen exakten kosten- und ergebnisrelevanten Überblick über das laufende Jahr.

Auftragsübersichten für laufende und fertiggestellte Aufträge reichen normalerweise für die Überwachung kleinerer Aufträge aus. Für größere Projekte, deren Ausführung mehrere Wochen in Anspruch nimmt, müssen im Rahmen einer Baustellensteuerung jedoch zusätzliche Kontrollinstrumente zur Verfügung stehen.

b) Baustellensteuerung

Vorgabezeiten und darauf aufbauende Termin- und Ablaufplanungen erhalten ihre volle Bedeutung, wenn sie als Steuerungs- und Kontrollinstrument eingesetzt werden. Dann genügt es aber nicht, wenn erst am Ende eines Auftrags die Gesamtleistung ermittelt wird. Um bei größeren Aufträgen schon während der Ausführung Maßnahmen bei Planabweichungen einleiten zu können, bedarf es regelmäßiger *Leistungskontrollen*. Das Grundproblem besteht darin, verlässliche Ist-Werte über die geleisteten Arbeiten zu gewinnen. In der Praxis gibt es hierzu verschiedene Möglichkeiten. Wöchentliche oder sogar tägliche Stundenmeldungen sind im Malerhandwerk zwar meist vorhanden, genügen aber in diesem Falle allein nicht. Für Steuerungs- und Kontrollzwecke haben sich Leistungsmeldungen mit Massenschätzungen oder besser mit konkretem (steigendem) Aufmaß der bereits fertiggestellten Arbeiten als am zweckmäßigsten und genauesten erwiesen. Der Baustellenleiter erstellt diese mindestens wöchentlich bzw. nach Fertigstellung eines Leistungspaketes. Die gewonnenen Leistungsdaten bilden auch die Grundlage für Abschlagszahlungen. Berechtigte Abweichungen von den Vorgaben können jedoch insbesondere dann auftreten, wenn die Massenangaben im Leistungsverzeichnis nicht weitgehend mit den tatsächlichen Massen vor Ort übereinstimmen.

Liegt bereits ein genaues Vorabaufmaß aufgrund von Zeichnungen oder Baustellenbegehungen vor, wird die Leistungskontrolle wesentlich vereinfacht. Dann genügt die Meldung von der Baustelle, dass die entsprechende Leistung bzw. Position ganz oder zu einem bestimmten Prozentsatz fertiggestellt wurde. Abweichungen von den Zeitvorgaben lassen sich so nach Abschluss einzelner Positionen bzw. Leistungen sofort erkennen und analysieren. Zusätzliche Massenermittlungen vor Ort können jedoch bei Massenänderungen oder bei Zusatzaufträgen erforderlich sein.

Auch zur Kostenkontrolle einzelner Baustellen kann wieder auf das Hilfsmittel der Tabellenkalkulation zurückgegriffen werden. Für den am 6.9. bei der Firma Walter GmbH (Auftragsnummer 420/04) abgeschlossenen Auftrag hätte eine Baustellenübersicht in den ersten fünf Wochen (Stand 30.8.) wie folgt aussehen können:

Baustellenübersicht				Stand: 30.8.
Auftraggeber: **Walter GmbH**	Auftragssumme (alt)	54.800 €	Nachunternehmer	3.600 €
Baustelle: Daimlerstraße 44	Eigenleistung	51.200 €	Stundenvorgabe (alt)	800 Std.
Auftragsnummer: **420/04**	Sollumsatz je Stunde	64,00 €	Stundenvorgabe (neu)	820 Std.

KW	Std. bisher	Std. akt. Woche	Summe	Soll-Umsatz	bisherige Leistungen	Rapporte Nachträge	Summe Leistungen	Über-/Unter-deckung	AZ gestellt	AZ erhalten
31	0 Std.	112 Std.	112 Std.	7.168 €	6.400 €		6.400 €	– 768 €		
32	112 Std.	160 Std.	272 Std.	17.408 €	16.500 €	550 €	17.050 €	– 358 €	14.400 €	12.960 €
33	272 Std.	130 Std.	402 Std.	25.728 €	25.000 €	950 €	25.950 €	222 €		
34	402 Std.	128 Std.	530 Std.	33.920 €	33.000 €	1.250 €	34.250 €	330 €	15.550 €	13.995 €
35	530 Std.	148 Std.	678 Std.	43.392 €	43.000 €	1.250 €	44.250 €	858 €	9.475 €	
36	678 Std.									

Die *Baustellenübersich*t enthält für jede Kalenderwoche die geleisteten und kumulierten Arbeitsstunden, aus denen dann der geplante Gesamtumsatz (Soll-Umsatz) durch Multiplikation mit dem Soll-Umsatz je Stunde ermittelt wird. Weil gerade bei größeren Baustellen häufig Zusatzaufträge und Rapportarbeiten anfallen, sind diese hier in einer eigenen Spalte wertmäßig zu erfassen und zur bisher erbrachten Leistung (nach Aufmaß) hinzuzurechnen. Beim Auftrag 420/04 sind beispielsweise Zusatzaufträge im Umfang von 20 Std. angefallen, so dass sich die Gesamtstundenzahl (Stundenvorgabe neu) entsprechend erhöht. Massenmehrungen führen ebenso wie Massenminderungen oder der Wegfall von Leistungen zu einer Anpassung der Stundenvorgabe.

Eine Über- oder Unterdeckung entsteht durch die Abweichung zwischen Soll-Umsatz und der Summe der tatsächlich erbrachten Leistungen. Bei umfangreichen Baustelleneinrichtungen und Vorarbeiten werden sich meist in den ersten Wochen Unterdeckungen ergeben, die sich aber später wieder ausgleichen, wenn messbare Leistungen erbracht wurden. Überdeckungen entstehen vor allem dann, wenn die Zeitvorgaben unterschritten werden. Zwingend enthalten muss eine Baustellenübersicht auch die angeforderten und tatsächlich erhaltenen Abschlagszahlungen, um die Zahlungseingänge verfolgen zu können. Die noch benötigte Kapazität lässt sich aus dem Vergleich zwischen Stundenvorgabe (neu) und der kumulierten Stundenzahl errechnen.
Eine Excel-Datei »Baustellenübersicht« zur Überwachung und Steuerung von Baustellen steht als **Download** zur Verfügung.

2. Finanzkontrolle

a) Abschlagszahlungen

Abschlagszahlungen (*AZ*) spielen in der Baupraxis eine ganz erhebliche Rolle, weil der Auftragnehmer (Handwerker) kaum in der Lage ist, alle Leistungen bis zur Fertigstellung vorzufinanzieren. Insbesondere bei Objekten mit einem Abwicklungszeitraum von mehreren Wochen ist es unabdingbar, auf einen kontinuierlichen Zahlungseingang zu achten.
Abschlagsrechnungen als Instrument zur Sicherung von Forderungen bei Bauleistungen haben den Zweck,

- das Vorleistungsrisiko und den Umfang der Vorfinanzierung für den Auftragnehmer zu begrenzen,
- die Liquidität des Auftragnehmers zu verbessern, weil für Schlusszahlungen insbesondere bei VOB-Verträgen längere Prüfungsfristen bestehen,
- durch die Möglichkeit zur Einstellung der Arbeiten Druck auf den Auftraggeber auszuüben, falls Abschlagsrechnungen nicht rechtzeitig bezahlt werden, und
- bei Nichtzahlung Arbeiten einzustellen und notfalls zu kündigen, um die Verluste zu begrenzen.

Abschlagsrechnungen können bei Werkverträgen nach BGB und VOB gestellt werden. Allerdings sind die Voraussetzungen und Konsequenzen zum Teil unterschiedlich, wie folgende Übersicht zeigt:

Abschlagszahlungen nach BGB und VOB		
	BGB-Vertrag (§ 632a BGB)	**VOB-Vertrag (§ 16 VOB/B)**
Voraussetzungen	Nachweis erbrachter, vertragsgemäßer Leistungen durch eine Aufstellung (Eine prüfbare Abschlagsrechnung ist zwar keine Fälligkeitsvoraussetzung, aber zur Durchsetzung der Forderung notwendig.)	Nachweis (erbrachter) vertragsgemäßer Leistungen durch eine **prüfbare** Aufstellung (Abschlagsrechnung mit Positionsnummern entsprechend dem Angebot und Massenangaben)
Fälligkeit	*Sofort*, wenn nichts anderes vereinbart wurde	21 Kalendertage nach Zugang der Rechnung beim Kunden oder bauleitenden Architekten
Einbehalt wegen Mängeln	Für nicht vertragsgemäße Leistungen ist ein Einbehalt möglich, in der Regel das Doppelte der Mangelbeseitigungskosten (§ 641 Abs. 3 BGB).	Für nicht vertragsgemäße Leistungen besteht ein Leistungsverweigerungsrecht; in der Regel in der Höhe des Doppelten der Mangelbeseitigungskosten.
Verjährung	3 Jahre, gerechnet vom Jahresende der Fälligkeit	3 Jahre, gerechnet vom Jahresende der Fälligkeit
Folgen der Nichtzahlung (bei Fristüberschreitung oder nach Mahnung)	1. Arbeiten einstellen 2. Anspruch auf Verzugszinsen (ohne Mahnung spätestens 30 Tage nach Zugang und Fälligkeit der Rechnung) *Hinweis: Am besten bei der Abschlagsrechnung Frist mit konkretem Datum setzen.*	1. Nach Ablauf einer angemessenen Nachfrist Arbeiten einstellen 2. Anspruch auf Verzugszinsen nach Ablauf einer konkreten Nachfrist *Hinweis: Ohne Mahnung und Nachfrist tritt Verzug spätestens 30 Tage nach Zugang der Rechnung ein.*
Kündigung und Schadensersatz	Unter Umständen Kündigung nach § 648a BGB. (Bei rechtmäßiger Kündigung Schadensersatz nach § 642 BGB)	Kündigung nach § 9 VOB/B, wenn diese vorher angekündigt wurde. (Bei rechtmäßiger Kündigung Schadensersatz nach § 642 BGB)

Ein Musterbrief zur Nachfristsetzung mit Androhung der Arbeitseinstellung bei einem VOB-Vertrag steht als **Download** zur Verfügung. Die Ankündigung der *Arbeitseinstellung* ist zwar nach § 16 Abs. 5 Nr. 4 VOB/B nicht zwingend notwendig, aber doch zu empfehlen.

Bei *Verbraucher**bau**verträgen* darf der Gesamtbetrag für Abschlagszahlungen 90 % der vereinbarten Gesamtvergütung nicht übersteigen. Außerdem hat der Verbraucher bei Fälligkeit der 1. Abschlagszahlung (AZ) einen Anspruch auf eine Erfüllungssicherheit in Höhe von 5 % des Vergütungsanspruchs. Auf Verlangen des Auftraggebers hat dieser als Einbehalt von der 1. AZ zu erfolgen (§ 650m BGB).

Statt Abschlagszahlungen kann schon bei der Auftragsvergabe – dies ist beim Kauf noch zu erstellender Bauwerke üblich – ein detaillierter *Zahlungsplan* vereinbart werden. So können Zahlungen automatisch nach einem bestimmten Leistungsstand fällig sein. Zahlungspläne sind beispielsweise bei VOB-Verträgen sinnvoll, die in weniger als vier Wochen abgewickelt werden.
Auch bei Aufträgen auf der Basis der VOB mit Ausführungsfristen von mehreren Monaten ist unter Controlling- und Steuerungsaspekten die Zahlungsfrist von 21 Kalendertagen nach § 16 VOB/B viel zu lang bemessen. Deshalb sollten bereits im Rahmen von Vertragsverhandlungen günstigere Vereinbarungen angestrebt werden. Als *Individualvereinbarung*, etwa im Rahmen von Verhandlungsprotokollen, sind von der VOB/B bzw. anderen AGB abweichende, kürzere Zahlungsfristen möglich.

b) Sicherheitsleistung nach § 650f BGB

Um das Vorleistungsrisiko des Handwerkers bei **Bauverträgen** im Sinne des § 650a abzusichern, wurden die wesentlichen Regelungen des *Bauhandwerkersicherungsgesetzes* (bisher § 648a BGB) in den neuen Paragrafen 650f BGB übernommen. Demnach kann der Auftragnehmer nach Abschluss des Bauvertrages jederzeit schriftlich eine Sicherheit bis zur Höhe des voraussichtlichen, noch nicht bezahlten Vergütungsanspruchs (zuzüglich 10 % für Nebenkosten) verlangen. Die Sicherheit kann in Form einer Garantie oder eines Zahlungsversprechens (Bürgschaft) seitens eines Kreditinstituts oder Kreditversicherers erfolgen. Stellt der Auftraggeber die Sicherheit nicht in einer angemessenen Frist (im Regelfall reicht eine Frist von 7 bis 10 Werktagen), kann der Auftragnehmer die Arbeiten nach Ablauf der Frist *einstellen* bzw. den *Arbeitsbeginn verweigern*. Das Einstellen der Arbeiten sollte dann auch angezeigt werden. Es besteht weiterhin ein einklagbarer Anspruch auf die Beibringung der Sicherheit durch den Auftraggeber.

Hat der Auftraggeber die verlangte Sicherheit nicht fristgerecht beigebracht, kann der Auftragnehmer statt der Arbeitseinstellung auch den Vertrag kündigen. Die Kündigung sollte immer schriftlich erklärt werden; am besten durch Einwurfeinschreiben oder Einschreiben mit Rückschein. Die bereits erbrachten Leistungen werden mit den vereinbarten Preisen abgerechnet. Für die noch nicht erbrachten Teile der Werkleistung ist der Auftragnehmer berechtigt, pauschal 5 % der vereinbarten Vergütung zu verlangen. Stattdessen ist es auch möglich, alle ersparten Kosten (Löhne, Material) nachzuweisen und diese von den Vertragspreisen abzuziehen. Verweigert der Auftragnehmer die Leistung, kann er den Vertrag erst dann kündigen, wenn eine erneute angemessene Frist zur Stellung einer Sicherheit erfolglos verstrichen ist.

Der Anspruch auf die gesetzliche Bauhandwerkersicherung kann weder durch AGB noch durch Individualvereinbarungen außer Kraft gesetzt werden. Sie findet keine Anwendung für öffentliche Auftraggeber, bei Verbraucherbauverträgen und Bauträgerverträgen; jedoch sehr wohl bei Bauverträgen einzelner Gewerke.
Der wesentliche *Nachteil* für den bauausführenden Handwerker besteht in der Kostenübernahme für die Sicherheit von bis zu 2,0 % der Garantiesumme pro Jahr. Außerdem darf das Kreditinstitut Zahlungen an den Auftragnehmer nur leisten, wenn der Auftraggeber den Vergütungsanspruch anerkennt oder zur Zahlung verurteilt worden ist und die Voraussetzungen vorliegen, unter denen die Zwangsvollstreckung begonnen werden darf.

Die Bedeutung der Bauhandwerkersicherung im Rahmen von Bauverträgen ergibt sich für den Handwerker vor allem,

- bei fragwürdiger Bonität von Neukunden durch die Möglichkeit, bereits vor *Auftragsbeginn* Sicherheit nach § 650f BGB zu verlangen,
- bei Zweifel an der Bonität des Vertragspartners während der Auftragsausführung,
- bei großen Bauaufträgen, die sich über einen längeren Zeitraum erstrecken,
- bei Nichtleistung oder Kürzungen von Abschlagsrechnungen trotz berechtigter Ansprüche,
- zur Absicherung von ausstehenden Zahlungen bei Mängelbeseitigungsleistungen *nach der Abnahme*, wenn der Auftraggeber Einbehalte wegen Mängeln vorgenommen hat,
- zur Absicherung gegen die Insolvenz des Auftraggebers.

Entsprechende Musterbriefe zur Stellung einer Sicherheit nach § 650f BGB und zur rechtswirksamen Kündigung liegen als **Download** vor.

3. Terminkontrolle

Laufende *Terminkontrollen* sind unter mehreren Aspekten von Bedeutung. Zum einen geht es darum, die terminlichen Kundenwünsche optimal zu befriedigen und getroffene Absprachen auch einzuhalten. Für den Unternehmer selbst ist die Einhaltung von Ausführungsterminen wichtig, weil dies meist Voraussetzung dafür ist, dass auch der Kostenrahmen nicht überschritten wird. Außerdem sind Terminplanungen und deren Überwachung eine Grundvoraussetzung für die Planung der betrieblichen Kapazitäten und des Personaleinsatzes. Und schließlich ist eine Terminüberwachung dort zwingend angezeigt, wo aufgrund von Konventionalstrafen erhebliche Kosten auf den Auftragnehmer zukommen, wenn die vereinbarten Fertigstellungstermine nicht eingehalten werden.

Liegen für einzelne Leistungen bzw. Positionen entsprechende Zeitrichtwerte vor, lassen sich diese während der Ausführung permanent kontrollieren. Planabweichungen können so früh erkannt, analysiert und bewertet werden. Nur dann bleibt auch noch genügend Zeit, um entsprechende Maßnahmen zur Kapazitätserhöhung oder zur Effizienzsteigerung einzuleiten. Verlängern zusätzliche Aufträge die geplante Ausführungsdauer, sodass sich Terminverschiebungen ergeben, ist der Auftraggeber im Rahmen einer kundenorientierten Auftragsabwicklung auch dann zu informieren, wenn sich keine rechtlichen bzw. finanziellen Konsequenzen ergeben.

Wer im Rahmen der Arbeitsvorbereitung einen detaillierten Ablaufplan erstellt hat, kann nun mit dessen Hilfe den Ist-Zustand (dunkle Felder) mit dem geplanten Soll-Zustand (helle Felder) vergleichen. Im *Balkendiagramm* wird der vorgesehene Endzeitpunkt einer Leistung dem tatsächlichen Stand nach deren Abschluss durch Einfügen eines zweiten Balkens gegenübergestellt. Planabweichungen können so auch optisch veranschaulicht werden, wie das nachfolgende Beispiel zeigt:

Position/ Leistung	ca. Std.	MA	1	2	3	4	5	6	7	8	9	10	11	12	13	14	15	16	17	18	19	20	21	22	23	24	25	26
Vorarbeiten	94	3																										
	140	3																										
Grundieren	72	3																										
	70	3																										
Dispersion streichen	250	3																										
	24	3																										
Fenster streichen	70	3																										
		3																										

Terminkontrolle ↑

Beim Vergleich von geplanter Ausführungsdauer und tatsächlich aufgewendeter Zeit ergibt sich zum Ende der zweiten Woche bereits eine Abweichung von zwei Tagen durch umfangreichere Vorarbeiten. Der geplante Endtermin ist erheblich gefährdet, wenn der Unternehmer nicht entsprechend reagiert. Aufgrund der Terminüberwachung können aber noch rechtzeitig geeignete Maßnahmen eingeleitet werden (z. B. Überstunden, Samstagsarbeit und/oder zusätzliches Personal), um die drohende Verschiebung des geplanten Endtermins zu vermeiden. Liegt die Ursache für die zusätzlichen Vorarbeiten im Verantwortungsbereich des Auftraggebers (z. B. wegen mangelhafter Vorleistungen anderer Unternehmer), sollte dies als *Behinderung* angezeigt werden, um den Anspruch auf Fristverlängerung und Vergütung etwaiger Mehrkosten nicht zu verwirken.

Soll-Ist-Vergleiche zur Kapazitäts- und Terminplanung gibt es heute als Module von Branchenprogrammen und als eigenständige Software. Sie können jedoch auch mit Hilfe von Excel selbst erstellt werden.

F. Auftragsabschluss

I. Rechtliche Grundlagen

1. Abnahme

a) Rechtsfolgen

Bei der Abnahme einer Werkleistung handelt es sich um eine vertragliche *Hauptpflicht* des Auftraggebers. Mit ihr ist die Erklärung des Auftraggebers verbunden, dass er die erbrachte Leistung als im Wesentlichen vertragsgerecht erfüllt anerkenne und entgegennehme. Das Werk muss zu diesem Zeitpunkt nicht völlig mangelfrei sein. Der Auftraggeber kann die Abnahme nur bei *wesentlichen Mängeln* verweigern. Allerdings kann er von der Schlussrechnung für vorhandene Mängel das Doppelte der voraussichtlichen Mangelbeseitigungskosten zurückbehalten.

Die rechtsgeschäftliche Abnahme von Werkleistungen ist für die Vertragspartner von ganz entscheidender Bedeutung. Für den Auftragnehmer verbessert sich die Rechtslage erheblich, weil mit der Abnahme eine ganze Reihe wichtiger Rechtsfolgen verbunden sind:

1. Fälligkeit der Schlusszahlung, beim VOB-Vertrag spätestens mit dem Ablauf der Prüfungsfrist für die Schlussrechnung.
   Die dreijährige Verjährungsfrist für die Schlusszahlung beginnt erst ab dem entsprechenden Jahresende!
2. Mit der Abnahme beginnt die Verjährungsfrist für Mängelansprüche zu laufen. Dasselbe gilt bei einer endgültigen, unberechtigten Abnahmeverweigerung.
   (Hinweis: Der Tag der Abnahme wird nicht mitgezählt!)
3. Die Gefahr der Beschädigung oder Zerstörung der Werkleistung geht endgültig auf den Auftraggeber über.
4. Der Auftraggeber verliert für bekannte, bei der Abnahme nicht vorbehaltene Mängel das Recht auf Nachbesserung bzw. Selbstvornahme und kann auch nicht mehr vom Vertrag zurücktreten oder Minderung verlangen (§ 640 und 634 BGB).
5. Es besteht kein Anspruch auf Vertragsstrafen, wenn dieser nicht spätestens bei der Abnahme vorbehalten wurde (§ 11 Abs. 4 VOB/B).

6. Umkehr der Beweislast: Vor der Abnahme muss der Auftragnehmer beweisen, dass seine Leistung frei von Sachmängeln ist. Mit der Abnahme geht die Beweislast für Mängel an den Auftraggeber über.

Der Architekt/Bauleiter hat grundsätzlich keine Vollmacht, eine rechtsgeschäftliche Abnahme durchzuführen. Verlangt der Auftragnehmer vom Auftraggeber die Abnahme und dieser schickt daraufhin seinen Architekten oder Bauleiter, ist jedoch von dessen Bevollmächtigung auszugehen (*Anscheinsvollmacht*). Der Auftraggeber muss sich also die Abnahme zurechnen lassen.

b) Abnahmeformen

Abnahmeformen nach § 640 BGB im Überblick		
1. **ausdrückliche Abnahme** Als förmliche Abnahme mit Abnahmeprotokoll oder durch ausdrückliche mündliche Erklärung (Auftraggeber drückt seine Zufriedenheit aus) (§ 640 Abs. 1 Satz 1 BGB)	**2.** **stillschweigende (konkludente) Abnahme** Abnahme eines fertiggestellten Werkes durch schlüssiges Verhalten des Auftraggebers (z. B. vorbehaltlose Bezahlung der Rechnung oder längere Nutzung ohne Mängelrüge)	**3.** **fiktive Abnahme** Als abgenommen gilt ein Werk dann, wenn der Auftraggeber innerhalb einer angemessenen Frist die Abnahme nicht wegen mindestens *eines* Mangels verweigert hat. (§ 640 Abs. 2 BGB)

Hinweise zur **fiktiven** Abnahme nach § 640 BGB:

1. Auch für die fiktive Abnahme gilt, dass die Abnahme nur bei einem *wesentlichen* Mangel verweigert werden kann.
2. Aus Sicht des Auftragnehmers ist es sinnvoll, dem Auftraggeber sofort eine angemessene Frist (eventuell mit mehreren Terminvorschlägen zur Abstimmung) zu setzen, nach deren Verstreichen die Abnahme als eingetreten gilt, wenn das Werk tatsächlich fertiggestellt wurde (vgl. **Download** Abnahme-

verlangen BGB). Als angemessen gilt in der Regel eine Frist von ein bis zwei Wochen je nach Auftragsgröße.

3. Die fiktive Abnahme nach § 640 Abs. 2 BGB ist neben § 12 VOB/B anwendbar und hat deshalb auch eine Bedeutung im **VOB**-Vertrag.
4. Bei Verbrauchern gilt die fiktive Abnahme nur, wenn diese mit der Aufforderung zur Abnahme auf die entsprechenden Folgen schriftlich hingewiesen wurden (vgl. **Download** Abnahmeverlangen Verbraucher).
5. Bei allen *Bauverträgen* im Sinne des § 650a BGB kann der Auftragnehmer bei Abnahmeverweigerung des Auftraggebers wegen Mängeln eine gemeinsame Zustandsfeststellung verlangen (§ 650g BGB). Diese ersetzt zwar keine Abnahme. Aber durch das Protokollieren des Zustandes (eventuell ergänzt um Fotos und Videos) soll sichergestellt werden, welche Schäden vor und welche nach der *Zustandsfeststellung* entstanden sind. Ihre Bedeutung ergibt sich vor allem aus der Tatsache, dass das Werk bei Abnahmestreitigkeiten mit dem Auftraggeber häufig bereits von diesem genutzt wird. Unter bestimmten Umständen kann die Zustandsfeststellung auch einseitig durch den Auftragnehmer erfolgen.

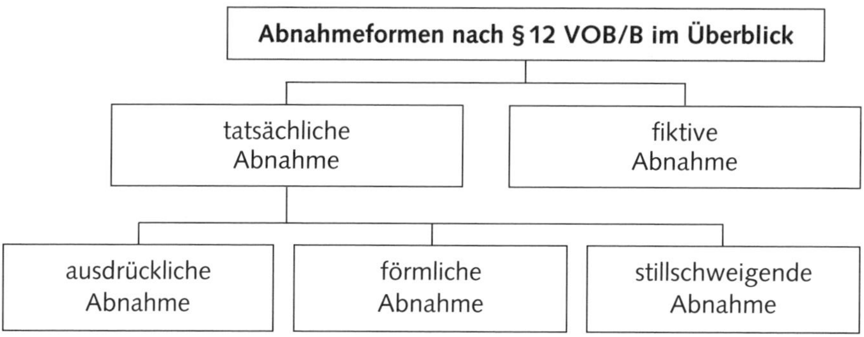

- **Die ausdrücklich erklärte Abnahme (§ 12 Abs. 1 VOB/B)**
  Die ausdrückliche Abnahme liegt vor, wenn der *Auftragnehmer* die Abnahme innerhalb von *zwölf Werktagen* nach Fertigstellung der Leistung verlangt (auch mittels E-Mail oder Fax). Die Vereinbarung einer anderen Frist ist möglich. Voraussetzung ist, dass das Werk abnahmereif, also ohne wesentliche Mängel, erstellt wurde Ein Musterbrief zum Abnahmeverlangen nach § 12 VOB steht als **Download** zur Verfügung. Kommt der Auftraggeber der Aufforderung nach Abnahme innerhalb der 12-Tagefrist oder einer anderen vereinbarten Frist nicht nach, geht die Gefahr der Beschädigung oder Zerstö-

rung auf diesen über (§ 644 BGB). Weitere Abnahmewirkungen, beispielsweise der Vergütungsanspruch, treten dann ein, wenn der Auftraggeber die Abnahme zu Unrecht endgültig verweigert.

- **Die förmliche Abnahme (§12 Abs. 4 VOB/B)**
  Eine förmliche Abnahme kann von einem der beiden Vertragsparteien verlangt werden und erfolgt in der Regel durch eine gemeinsame Baubegehung. Das Ergebnis ist *schriftlich* festzuhalten (*Abnahmeprotokoll*) und sollte mindestens vom Auftraggeber unterzeichnet werden. In das Abnahmeprotokoll (Musterformular als **Download** vorhanden) sind etwaige Vorbehalte wegen Mängeln und Vertragsstrafen sowie Einwendungen des Auftragnehmers aufzunehmen.
  Die Abnahme kann auch in Abwesenheit des Auftragnehmers stattfinden, wenn dieser ohne wichtigen Grund nicht zum vereinbarten Termin erscheint (weil er z. B. den Termin im Kalender falsch eingetragen hat). Der Auftraggeber muss dem Auftragnehmer das Ergebnis der Abnahme zeitnah mitteilen.

- **Die stillschweigende Abnahme (konkludente Abnahme)**
  Darunter versteht man die Abnahme durch ein schlüssiges Verhalten des Auftraggebers. Voraussetzung ist, dass die Leistung *vertragsgemäß erstellt* wurde und der *Abnahmewille* des Auftraggebers erkennbar ist. Dies kann dann vorliegen, wenn

  a) der Auftraggeber ohne Zwang der Verhältnisse in das fertiggestellte Haus einzieht und dieses längere Zeit ohne Beanstandung nutzt,
  b) der Auftraggeber die vereinbarte Vergütung vorbehaltlos begleicht,
  c) der Auftraggeber bei Fassadenarbeiten den Abbau des Gerüsts bewilligt,
  d) der Auftraggeber die Leistung eingehend besichtigt und sie ohne eindeutige Abnahmeverweigerung in Benutzung nimmt (z. B. bei Wohn- und Büroräumen) und
  e) der Auftraggeber eine vereinbarte Sicherheitsleistung freigibt.

- **Die fiktive Abnahme (§ 12 Abs. 5 VOB/B)**
  Unabhängig davon, ob der Auftraggeber die Leistung abnehmen will oder nicht, gilt das Werk als abgenommen

  a) mit Ablauf von *zwölf Werktagen* nach Zugang der *schriftlichen* Mitteilung über die Fertigstellung (es gilt das Übersenden der eindeutig gekennzeichneten Schlussrechnung), oder

b) nach Ablauf von *sechs Werktagen* nach Beginn der Nutzung, wenn nichts anderes vereinbart wurde.

Voraussetzungen für die fiktive Abnahme nach § 12 Abs. 5:

- Die Leistung muss im Wesentlichen fertiggestellt sein.
- Der Vertrag darf nicht gekündigt sein.
- Es darf keine ausdrückliche Abnahme verlangt sein.
- Es wurde keine förmliche Abnahme vereinbart oder verlangt.
- Der Auftraggeber darf nicht die Abnahme vor Ablauf der jeweiligen Frist zu Recht verweigert haben.
- Die fiktive Abnahme darf nicht vertraglich ausgeschlossen sein.

- **Teilabnahme (§ 12 Abs. 2 VOB/B)**
  Auf Verlangen können fertiggestellte, in sich abgeschlossene Teile von Werkleistungen abgenommen werden. Teilabnahmen sind vor allem dann sinnvoll, wenn diese Leistungen später nicht mehr zugänglich sind, bei längeren Unterbrechungen oder bei Gefahr von Beschädigungen. Teilabnahmen sind bei **BGB**-Verträgen nur möglich, wenn dies ausdrücklich vereinbart wurde.

2. Haftung (Gewährleistung)

a) Sachmangel

Das Schaubild auf Seite 150 zeigt die Struktur des *Sachmangels* nach § 13 VOB/B. Vom Sachmangel bei **BGB-Verträgen** unterscheidet sie sich nur dadurch, dass der ausdrückliche Hinweis auf die anerkannten Regeln der Technik fehlt. Das heißt aber nicht, dass diese dort nicht zu beachten sind.

- **Vereinbarte Beschaffenheit**
  Ergänzend ist zum Begriff der Beschaffenheit zu bemerken, dass ein *Sachmangel* immer vorliegt, wenn dem Bauwerk eine Eigenschaft fehlt, die es nach dem Inhalt des Vertrags haben sollte, und zwar unabhängig davon, ob das Fehlen dieser Eigenschaft den Wert oder die Tauglichkeit ausschließt oder mindert. Hat sich beispielsweise ein Kunde bewusst für einen Putz mit einer Korngröße von 3 mm entschieden, liegt in einer Unter- oder Überschreitung ein Sachmangel vor, weil der Putz nicht die vereinbarte Beschaffenheit hat.

Der Auftragnehmer hat dem Auftraggeber zum **Zeitpunkt der Abnahme** die Leistung frei von Sachmängeln zu übergeben. Diese ist frei von Sachmängeln, wenn sie

1. die vereinbarte **Beschaffenheit** hat.
   - Im Leistungsverzeichnis wird das Anbringen eines Wärmedämm-Verbundsystems mit einer bestimmten Dämmstoffstärke vereinbart.
   - Im Leistungsverzeichnis wird ein konkret bezeichneter Anstrichstoff verlangt.

oder

1a) ohne Beschaffenheitsvereinbarung:

wenn sich das Werk für die **vertraglich** vorausgesetzte **Verwendung** eignet.
(Beispiel: Ein deckender Anstrich auf einer Holzverkleidung im Außenbereich hat einen ästhetischen Zweck und dient zum Schutz des Holzes.)

oder

1b) ohne Beschaffenheits- und Verwendungsvereinbarung:

wenn sich das Werk für die **gewöhnliche Verwendung** eignet und eine Beschaffenheit aufweist, die bei Werken der gleichen Art üblich ist.
(Hinweis: Es wird eine Leistung mittlerer Güte geschuldet, die für die normale Verwendung uneingeschränkt geeignet ist.)

und

2. den anerkannten **Regeln der Technik** (**aRdT**) entspricht.

↓

Abweichungen von den aRdT sind stets ein Mangel.

- **Anerkannte Regeln der Technik**
  Unter den anerkannten Regeln der Technik (aRdT) versteht man Verfahrensweisen am Bau, die theoretisch (wissenschaftlich) richtig sind, sich in der Praxis bewährt haben und von der überwiegenden Mehrzahl der Fachleute anerkannt sind. Bei den DIN-Normen (z. B. DIN 18363) und anderen Regelwerken wie beispielsweise den BFS-Merkblättern wird vermutet, dass sie den aRdT entsprechen. Allerdings können diese davon abweichen, beispielsweise wenn sie einen längeren Zeitraum nicht überarbeitet wurden.

Eine Befreiung von der Haftung für Mängel erfolgt, wenn der Auftragnehmer seiner *Prüfungs- und Hinweispflicht nach §4 Abs. 3 VOB/B* durch die schriftliche Anmeldung von Bedenken an den Auftraggeber nachgekommen ist und er dies beweisen kann. Das gilt insbesondere auch dann, wenn der Auftraggeber eine für seine Zwecke zwar funktionstaugliche Ausführung wünscht, die aber von den anerkannten Regeln der Technik abweicht.
Nicht als Sachmangel gelten Verschleiß und Abnutzung, die durch den Gebrauch einer mangelfreien Leistung entstehen.

b) Ansprüche des Auftraggebers

Die Ansprüche des Auftraggebers bei Mängeln *nach der Abnahme* sind in der VOB etwas anders geregelt als im BGB (zu den Mängelansprüchen bei BGB-Verträgen vgl. S. 55f.). Grundsätzlich lassen sich nach §13 VOB/B folgende Arten von Mängelansprüchen unterscheiden:

- **Mängelbeseitigungsanspruch**
  Der Auftragnehmer hat alle während der Verjährungsfrist auftretenden Mängel auf seine Kosten zu beseitigen, wenn zum Zeitpunkt der Abnahme ein Sachmangel vorlag. Voraussetzung ist, dass der Auftraggeber vor Ablauf der Verjährungsfrist die Beseitigung verlangt. Die zu beseitigenden Mängel sind möglichst genau zu bezeichnen. Dazu gehören auch alle Leistungen, die im Zusammenhang mit der Mängelbeseitigung notwendigerweise anfallen (z.B. Kosten für Arbeiten anderer Handwerker, Reinigungsarbeiten, Ab- und Wiederaufbau von Einbauten). Der Mangelbeseitigungsanspruch des §13 VOB/B entspricht im Wesentlichen dem Nacherfüllungsanspruch des **BGB**.
  In diesem Zusammenhang ist auf die Regelung in §641 Abs. 3 BGB hinzuweisen, die für VOB- und BGB-Verträge gleichermaßen gilt. Demnach kann der Auftraggeber einen angemessenen Teil der Vergütung einbehalten (*Druckzuschlag*).
  Die Untersuchung unberechtigt monierter Mängel kann nur dann in Rechnung gestellt werden, wenn der Auftragnehmer den Auftraggeber vor der Untersuchung darauf hingewiesen hat. Ein entsprechendes Musterschreiben steht als **Download** zur Verfügung.

- **Ersatzvornahme**
  Beseitigt der Auftragnehmer während der Verjährungsfrist auftretende Mängel nicht in einer angemessenen Frist, kann der Auftraggeber den Mangel

entweder selbst beseitigen oder durch einen Dritten auf Kosten des Auftragnehmers beseitigen lassen. Dazu zählen alle Kosten, die für die Herstellung des geforderten Vertragszustandes entstehen. Diese Regelung entspricht derjenigen in § 637 BGB.

- **Minderung**
  Eine Minderung der Vergütung durch den Auftraggeber kommt nach § 13 Abs. 6 VOB/B nur dann in Betracht,
  - wenn die Beseitigung des Mangels objektiv unmöglich ist oder
  - wenn die Beseitigung des Mangels vom Auftragnehmer wegen eines unverhältnismäßig hohen Aufwandes zu Recht verweigert wird; dies ist aber nur dann gegeben, wenn dem objektiv geringen Interesse des Auftraggebers an einer ordnungsgemäßen aber funktionstauglichen Leistung ein unangemessen hoher Aufwand gegenübersteht (z. B. bei geringfügigen Schönheitsfehlern oder unbedeutenden Farbabweichungen, die nur mit erheblichen Kosten beseitigt werden können), oder
  - wenn die Beseitigung des Mangels für den Auftraggeber unzumutbar ist, beispielsweise weil dieser dann vorübergehend aus seiner Wohnung ausziehen müsste oder sein Vertrauen in die Leistungsfähigkeit des Auftragnehmers gänzlich erschüttert ist.

  Nach dem **BGB** kann der Auftraggeber bereits dann eine Herabsetzung des Werklohns verlangen, wenn die Frist zur Mängelbeseitigung erfolglos verstrichen ist.

- **Schadensersatz**
  Neben den Ansprüchen auf Mängelbeseitigung oder Minderung hat der Auftraggeber nach § 13 Abs. 7 VOB/B zusätzlich die Möglichkeit, Schadensersatz geltend zu machen. Bei vorsätzlich oder grob fahrlässig verursachten Mängeln (auch unwesentlichen) haftet der Auftragnehmer für alle sich aus dem Mangel ergebenden Folgeschäden. Bei *wesentlichen* Mängeln, die auf Fahrlässigkeit des Auftragnehmers oder seiner Mitarbeiter beruhen, haftet dieser nur für die sich *unmittelbar* aus dem (ursprünglichen) Mangel ergebenden Folgeschäden. Darunter fallen sowohl direkte Schäden am Objekt selbst als auch Folgeschäden wie der Mietausfall für die Dauer der Mängelbeseitigung oder notwendige Gutachterkosten. Voraussetzung ist jedoch, dass auch nach durchgeführter Mangelbeseitigung oder erfolgter Minderung noch ein Schaden besteht. Eine Haftung für entferntere Mangelfolgeschäden (z. B. Schäden an Möbeln und Böden) besteht bei einem Verstoß gegen die

anerkannten Regeln der Technik oder beim Fehlen einer vertraglich vereinbarten Beschaffenheit.

c) Verjährung von Mängelansprüchen

Die Verjährung von Mängelansprüchen beginnt mit der Abnahme und endet nach Ablauf der Verjährungsfrist. Der Mangel muss schon zum Zeitpunkt der Abnahme vorliegen. Verschleiß und Abnutzung gelten nicht als Mangel. Folgendes Schaubild gibt einen Überblick über die Verjährungsfristen nach BGB und VOB:

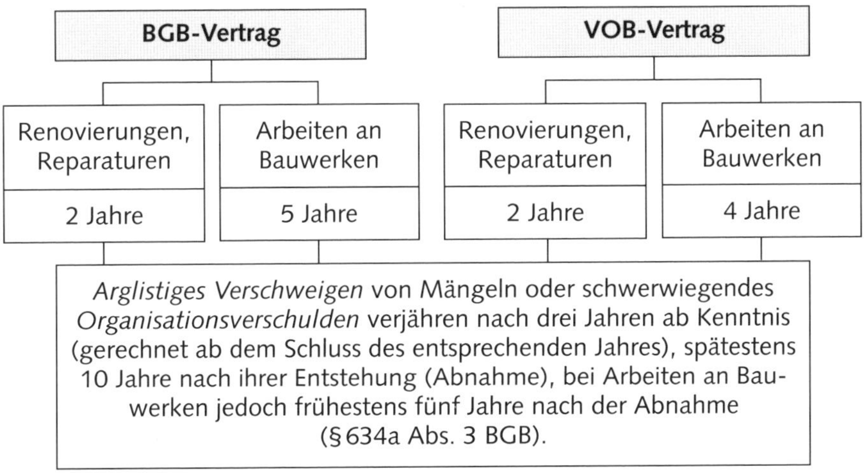

Einfache Renovierungsarbeiten, Reparaturen und Wartungsarbeiten an Gebäuden zählen nach bisheriger Rechtsprechung nicht zu den Arbeiten an Bauwerken, da sie nicht die Substanz des Bauwerks betreffen. Das sind beispielsweise

- der einmalige, lasierende oder deckende Fensteranstrich,
- die einfache Fassadenbeschichtung als bloßer Schönheitsanstrich ohne Ausbesserungen,
- Malerarbeiten im Innenbereich, die der Verschönerung dienen.

Als Arbeiten an **Bauwerken** gelten alle Leistungen, die nach Umfang und Bedeutung denen bei der Neuherstellung eines Bauwerkes entsprechen, also auch alle grundlegenden Renovierungsarbeiten. Weil bei gemischten Verträgen, (z. B. umfassende Fassadenrenovierung und Schönheitsanstrich des Treppenhauses) immer einheitlich die längere Verjährungsfrist gilt, sollten am besten vertraglich differenzierte Verjährungsfristen vereinbart oder gleich getrennte Verträge abgeschlossen werden.

Der Auftraggeber hat verschiedene Möglichkeiten, die Verjährungsfrist für Mängelansprüche erneut in voller Länge in Kraft zu setzen (**Neubeginn der Verjährung**). Nach dem **BGB** geschieht dies durch die *Anerkenntnis des Mangels* seitens des Auftragnehmers oder die Beantragung bzw. Vornahme einer *gerichtlichen* oder *behördlichen Vollstreckungshandlung* durch den Auftraggeber. Unter Umständen kann bereits die Zusage einer Mangelbeseitigung als Anerkenntnis gelten. Ist der Handwerker nicht sicher, dass der Mangel auch von ihm verursacht wurde und will er trotzdem eine Nachbesserung vornehmen, sollte er dem Auftraggeber – am besten schriftlich – mitteilen, dass dies aus Kulanzgründen und ohne Anerkennung irgendwelcher Rechtspflichten erfolgt. Will der Auftragnehmer einen Mangel aus bestimmten Gründen kurz vor Ablauf der Verjährungsfrist nicht beseitigen und liegt nur eine mündliche Mängelrüge vor, ist es vielfach besser, überhaupt nicht zu reagieren als die Beseitigung des Mangels zuzusichern.

Im Gegensatz zum BGB kann der Auftraggeber bei **VOB**-Verträgen eine Verlängerung der Verjährungsfrist durch eine **schriftliche Mängelrüge** (eine einfache E-Mail genügt nicht) erwirken. Der Anspruch auf Beseitigung der gerügten Mängel verjährt immer nach *zwei Jahren* ab Zugang der Mängelrüge, jedoch nicht vor Ablauf der Regelfristen (z. B. vier Jahre bei Bauwerken) bzw. einer anderen vertraglich vereinbarten Frist. Nach Abnahme der Mängelbeseitigungsleistung beginnt für diese eine neue Verjährungsfrist von *zwei Jahren*. Sie endet jedoch nicht vor Ablauf der Regelfristen oder einer anderen vertraglich vereinbarten Frist.

Beispiel: Kurz vor Ablauf einer vierjährigen Verjährungsfrist verlangt der Auftraggeber schriftlich die Beseitigung eines Mangels. Die Mangelbeseitigungsleistung wird ein Jahr später abgenommen. Für diese Leistung beginnt eine neue zweijährige Verjährungsfrist. Gesamtverjährungsfrist für den Mangel:
vier Jahre + ein Jahr + zwei Jahre = sieben Jahre

Tipp: Der Auftragnehmer sollte nach erfolgreicher Mangelbeseitigung für eine Abnahme sorgen. Denn bis zur Abnahme der nachgebesserten Leistung ist die Verjährung nur gehemmt, die zweijährige Verjährungsfrist hat noch nicht begonnen.

3. Abrechnung und Zahlung

a) Schlusszahlung

Schlussrechnungen werden vom Auftragnehmer nach Abschluss der gesamten Werkleistung erstellt. Aus ihnen muss der Auftraggeber erkennen, welche Vergütung insgesamt für die Leistungen aus dem Vertrag gefordert wird. Sie gelten beim **VOB-Vertrag** als Mitteilung über die Fertigstellung nach § 12 Abs. 5 VOB/B, sodass die Frist von zwölf Werktagen für eine *fiktive* Abnahme zu laufen beginnt, wenn die Voraussetzungen für diese gegeben sind.
§ 14 Abs. 3 VOB/B gibt Fristen vor, innerhalb deren eine prüfbare Schlussrechnung einzureichen ist. Bei einer vertraglichen Ausführungsfrist von maximal drei Monaten beträgt die Frist zwölf Werktage ab Fertigstellung der Leistung. Für je weitere drei Monate verlängert sich diese Frist um jeweils sechs Werktage. Reicht der Auftragnehmer keine prüfbare Schlussrechnung innerhalb dieser Frist zuzüglich einer angemessenen Nachfrist ein, kann der Auftraggeber die Rechnung auf Kosten des Auftragnehmers selbst erstellen. Die Anforderungen an eine prüfbare Rechnung gnach VOB ergeben sich aus § 14 Abs. 1 VOB/B. Bereits geleistete Abschlagszahlungen sind zu berücksichtigen.
Schlusszahlungen sind laut VOB nach Prüfung und Feststellung der Schlussrechnung fällig, spätestens 30 Tage nach Zugang der Rechnung. Eine Fristverlängerung auf höchstens 60 Tage ist dann möglich, wenn dies ausdrücklich vereinbart wurde, z. B. im Rahmen von Verhandlungsprotokollen, und sachlich gerechtfertigt ist (§ 16 Abs. 3 Nr. 1 VOB/B). Letzteres wird bei Maler- und Lackierarbeiten eher selten der Fall sein. Der Auftraggeber kann sich nur bis zum Ablauf der jeweiligen Frist auf die fehlende Prüfbarkeit der Schlussrechnung berufen und somit deren Fälligkeit hinausschieben. Die Prüfung einer Schlussrechnung kann aber nicht schon deshalb verweigert werden, weil einzelne Leistungen in Rechnung gestellt wurden, die der Auftragnehmer nicht erbracht hat oder einzelne Positionen falsch berechnet wurden. Für die prüfbaren Leistungen wird die Rechnung trotzdem fällig. Hat der Auftraggeber die Schlussrechnung selbst erstellt, kann er sich nicht mehr auf die fehlende Prüfbarkeit berufen.

Der Prüf- oder Anerkenntnisvermerk eines Architekten auf der Schlussrechnung bindet den Auftraggeber nicht. Allerdings trägt der Auftraggeber die Darlegungs- und Beweislast für die Bestreitung der von einem bevollmächtigten Architekten geprüften Massen. Dies gilt auch dann, wenn der Auftraggeber sich weigert, an der gemeinsamen Erstellung eines *Aufmaßes* mitzuwirken.

Nach §650g Abs. 4 ist auch bei einem **BGB-Bau**vertrag im Sinne des §650a eine prüffähige Schlussrechnung erforderlich. Sie ist prüffähig, wenn sie eine Aufstellung der erbrachten Leistungen erhält und für den Kunden (Auftraggeber) nachvollziehbar ist. Beim Einheitspreisvertrag ist dazu in der Regel ein Aufmaß erforderlich. Der Kunde kann Einwendungen gegen die Prüffähigkeit der Schlussrechnung nur innerhalb von 30 Tagen nach Zugang erheben; danach gilt sie als prüffähig. Damit ist aber nicht automatisch auch ihre vollständige Richtigkeit anerkannt.
Die folgenden Schaubilder zeigen den *Zahlungsverzug* bei Schlussrechnungen.

VOB-Bauvertrag (Regelfall)

Auftragnehmer hat trotz prüfbarer Schlussrechnung und rechtsgeschäftlicher Abnahme auch 30 Kalendertage nach dem Zugang der Rechnung beim Auftraggeber die Zahlung noch nicht erhalten.

Verzug des Auftraggebers auch ohne Nachfristsetzung, wenn er für den Zahlungsverzug verantwortlich ist.

↓

- Anspruch auf Verzugszinsen nach §288 BGB oder darüber hinausgehenden Verzugsschaden
- Einleitung von Zwangsmaßnahmen für unstrittige Forderungen möglich (z. B. gerichtliches Mahnverfahren)

BGB-Bauvertrag (Regelfall)

Wenn eine prüfbare Schlussrechnung gestellt wurde und Abnahme erfolgt ist, tritt in folgenden Fällen Verzug ein[1)]

Durch eine unmissverständliche Zahlungsaufforderung (Mahnung)	Die in der Schlussrechnung kalendermäßig bestimmte Zahlungstermin ist erfolglos verstrichen	30 Tage seit Zugang und Fälligkeit der Rechnung sind erfolglos verstrichen

↓

- Anspruch auf Verzugszinsen nach §288 BGB oder darüber hinausgehenden Verzugsschaden
- Einleitung von Zwangsmaßnahmen für unstrittige Forderungen möglich (z. B. gerichtliches Mahnverfahren)

1) Bei einem allgemeinen Werkvertrag nach **BGB** (z. B. Überholungsanstrich im Innenbereich) ist eine prüfbare Schlussrechnung zwar keine Fälligkeitsvoraussetzung, aber spätestens bei einem Streit über die vertraglich geschuldete und erbrachte Leistung notwendig. Es ist daher ratsam, bei allen Werkverträgen für den Kunden nachvollziehbare Schlussrechnungen zu erstellen.

Der Regelfall für den Verzug von Werklohnforderungen gilt dann, wenn keine vertraglichen Vereinbarungen getroffen wurden. Grundsätzlich können jedoch Zahlungsfristen in AGB oder individuell vereinbart werden. Zu beachten sind dabei die zulässigen Höchstfristen des §271a BGB. Schlussrechnungen verjähren immer nach drei Jahren, gerechnet vom Ende des Jahres der Fälligkeit.

Hinsichtlich der 30-Tage-Frist besteht ein grundsätzlicher Unterschied zwischen BGB und VOB. Während laut **BGB** die 30-Tage-Frist erst nach Zugang und Fälligkeit der Rechnung zu laufen beginnt, tritt laut **VOB** Verzug spätestens 30 Tage nach Zugang der Rechnung ein. Wird einem Auftraggeber in einem **BGB**-Vertrag eine Zahlungsfrist von 14 Tagen eingeräumt, kommt dieser bei Nichtzahlung automatisch erst nach Ablauf von 44 Tagen in Verzug. Durch eine Mahnung mit konkretem Zahlungsdatum kann jedoch der Zahlungsverzug vorher in Kraft gesetzt werden.
Ergänzend sei erwähnt, dass im Rahmen von **BGB**-Verträgen mit *Privatpersonen* (Verbrauchern) der automatische Verzug nach 30 Tagen nur dann eintritt, wenn darauf in der Rechnung hingewiesen wurde (§286 Abs. 3 BGB).

b) Bauabzugssteuer

Die Bauabzugssteuer hat das Ziel, die illegale Beschäftigung im Baugewerbe einzudämmen. Sie verpflichtet unternehmerisch tätige Auftraggeber von Bauleistungen, 15 Prozent des Rechnungsbetrages einzubehalten und an das Finanzamt des Bauleistenden (Auftragnehmers) abzuführen. Dieser verrechnet den Steuerabzug mit seiner Steuerschuld. Betroffen ist jeder Unternehmer, der eine Bauleistung in Auftrag gibt oder im Inland eine Bauleistung erbringt. Als Bauleistung gelten alle Arbeiten, die sich unmittelbar auf die Substanz des Bauwerks auswirken. Dazu zählen auch viele Maler- und Lackierarbeiten, Korrosionsschutzarbeiten, Putz- und Stuckarbeiten sowie der Trockenbau, jedoch nicht Gerüstarbeiten.

Der Steuerabzug funktioniert folgendermaßen:

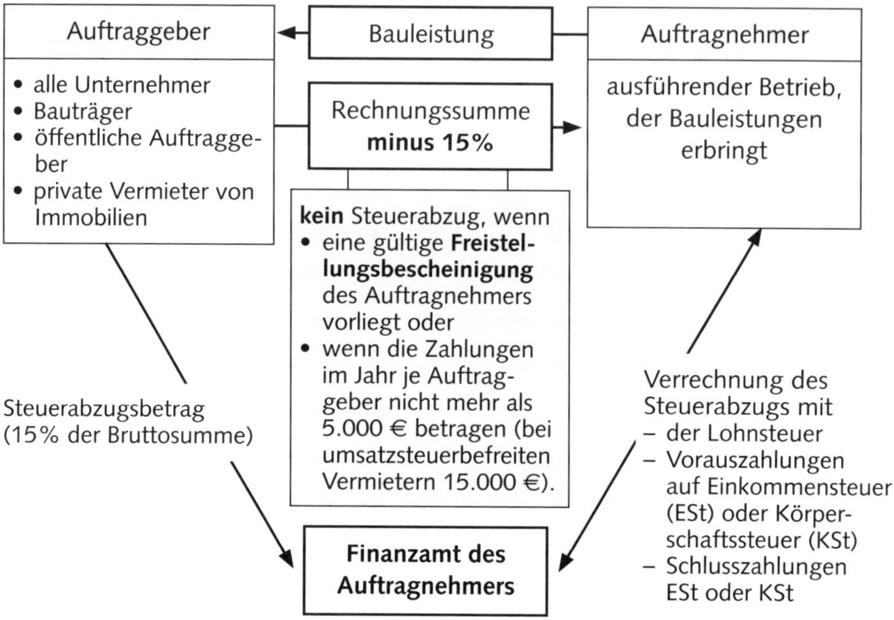

Folgendes ist im Rahmen der Bauabzugssteuer zu beachten:

- Die Bauabzugssteuer gilt auch für Abschlagszahlungen.
- Der Abzug ist vom Bruttobetrag vorzunehmen abzüglich etwaiger Einbehalte und bis zum 10. Tag des Folgemonats auf amtlichem Vordruck anzumelden und zu überweisen.
- Übersteigt das jährliche Auftragsvolumen durch eine weitere Bauleistung die Bagatellengrenze von 5.000 € bzw. 15.000 €, so ist der Steuerabzug vom Gesamtbetrag aller Zahlungen abzuführen, sofern keine Freistellungsbescheinigung vorliegt.
- Haftungsrisiko bei Beauftragung von Nachunternehmern
  Ohne Freistellungsbescheid (FSB) haftet der Auftraggeber (des Nachunternehmers) für einen nicht oder zu niedrig vorgenommenen Steuerabzug. Der Auftraggeber haftet auch, wenn ihm eine Freistellungsbescheinigung vorliegt und er weiß, dass diese unrechtmäßig ist oder er grob fahrlässig hiervon keine Kenntnis hat. Die Echtheit der Freistellungsbescheinigung kann durch eine Überprüfung der Sicherheitsnummer beim Bundeszentralamt für Steuern via Internet oder beim ausstellenden Finanzamt erfolgen.

- Betriebsausgabenabzug sichern
  Wird eine gültige Freistellungsbescheinigung vorgelegt oder der Steuerabzug vorgenommen, so garantiert das Finanzamt die steuerliche Anerkennung der Kosten des Nachunternehmers als Betriebsausgabe.

4. Sicherheitsleistungen und Vertragsstrafen

a) Sicherheitsleistungen des Auftragnehmers

Die Vertragsparteien können zur Absicherung von Risiken Sicherheitsleistungen vertraglich vereinbaren. Sicherheiten werden bei Werk- bzw. Bauverträgen für die vertragsgemäße Ausführung der Leistung oder Mängelansprüche des Auftraggebers gestellt. Für alle Sicherheitsleistungen gelten grundsätzlich die Vorschriften der §§232 bis 240 BGB, wobei für **VOB**-Verträge zusätzlich die Bestimmungen des §17 VOB/B zu beachten sind.
Wurde im Rahmen eines VOB-Vertrags zwischen den Vertragsparteien die Art der Sicherheit nicht vereinbart, gelten die unter §17 Abs. 2 VOB/B genannten Arten, wobei dem Auftragnehmer das Wahlrecht zusteht:

1. **Einbehalt** von Zahlungen
   Einbehalt von Zahlungen des Auftraggebers (z.B. Abschlagszahlungen) von *maximal 10%*, bis die vereinbarte Sicherheitssumme erreicht ist. Die einbehaltenen Beträge sind dem Auftragnehmer mitzuteilen und innerhalb von 18 Werktagen nach dieser Mitteilung auf ein Sperrkonto bei dem vereinbarten Geldinstitut einzuzahlen. Bei dem Sperrkonto muss es sich um ein sogenanntes »Und-Konto« handeln, über das beide Vertragspartner nur gemeinsam verfügen können. Bei kleineren oder kurzfristigen Aufträgen ist es zulässig, dass der Auftraggeber den einbehaltenen Sicherheitsbetrag erst bei der Schlusszahlung auf ein Sperrkonto einzahlt. Öffentliche Auftraggeber sind berechtigt, den Einbehalt auf ein eigenes Verwahrgeldkonto (ohne Verzinsung) zu nehmen (§17 Abs. 6 VOB/B).
2. **Hinterlegung** von Geld
   Einzahlung eines bestimmten Betrags durch den Auftragnehmer auf ein Sperrkonto, über das Auftraggeber und Auftragnehmer nur *gemeinsam* verfügen können. Etwaige Zinsen stehen dem Auftragnehmer zu (§17 Abs. 5).
3. **Bürgschaft**
   In der Baupraxis hat sich als Sicherheitsleistung vor allem die Bürgschaft von Banken oder Kreditversicherern durchgesetzt. Folgende Anforderungen sind nach §17 Abs. 4 VOB/B an eine Bürgschaft zu stellen:

- Tauglichkeit des Bürgen
- schriftliche Bürgschaftserklärung
- selbstschuldnerisch
- zeitlich unbefristet

Soll eine Bürgschaft nicht nur Gewährleistungsansprüche absichern, sondern auch andere Risiken, z. B. Verstöße des Auftragnehmers gegen das Arbeitnehmerentsendegesetz, die Zahlung des Mindestlohnes und der Sozialkassenbeiträge, muss dies vor Vertragsabschluss vereinbart werden. Nicht verwertete Sicherheiten für *Mängelansprüche* sind gemäß § 17 Abs. 8 VOB/B grundsätzlich nach Ablauf von zwei Jahren, gerechnet vom Zeitpunkt der Abnahme, zurückzugeben, wenn kein anderer Rückgabezeitpunkt vereinbart wurde. Dieser kann nämlich auch an die Dauer der Gewährleistungsfrist gekoppelt sein. Für Mängelansprüche, die der Auftraggeber vor Ablauf der 2 Jahre bzw. vor dem vereinbarten Rückgabezeitpunkt geltend gemacht hat und die noch nicht erfüllt sind, darf er den entsprechenden Teil der Sicherheit zurückbehalten.

Nach § 17 Abs. 4 VOB/B ist eine *Bürgschaft auf erstes Anfordern* unzulässig. Damit soll verhindert werden, dass der Bürge bereits auf eine Zahlungsaufforderung zu reagieren hat, ohne dass Einwendungen gegen die Hauptschuld geltend gemacht werden können (z. B. weil der Auftragnehmer die behaupteten Mängel bestreitet). Als *individualvertragliche* Vereinbarung ist eine Bürgschaft auf erstes Anfordern jedoch möglich.

HINWEIS: Viele Landesinnungsverbände bieten für Innungsmitglieder in Zusammenarbeit mit einer Versicherung einen Bürgschaftsservice an, der meist kostengünstiger ist als die Bürgschaft von der eigenen Hausbank. Die Bürgschaft einer Versicherung wird zudem nicht auf die Kreditlinie bei der Hausbank angerechnet.

b) Vertragsstrafen

Vertragsstrafenregelungen finden sich heute in fast allen Bauverträgen größerer Projekte. Zwar ist der Auftragnehmer bei schuldhaftem Überschreiten von verbindlichen Vertragsfristen sowohl nach dem Gesetz (§ 280 Abs. 2 BGB) als auch laut VOB (§ 6 Abs. 6 VOB/B) schadensersatzpflichtig. Allerdings ist der Nachweis der konkreten Höhe oftmals schwierig. Aus diesem Grunde wird in größeren Bauverträgen vielfach vereinbart, dass bei Fristüberschreitung eine bestimmte Geldzahlung an den Auftraggeber zu leisten ist.
Vereinbarungen über Vertragsstrafen müssen ausdrücklich sowie klar und widerspruchsfrei formuliert sein. Nach § 339 BGB können Vertragsstrafen nur dann

geltend gemacht werden, wenn neben der *Fristüberschreitung* – eine *Mahnung* ist bei nicht kalendermäßig bestimmbarer Vertragsfrist erforderlich – ein Verschulden des Auftragnehmers vorliegt. Die Fristüberschreitung muss also durch *Vorsatz* oder *Fahrlässigkeit* des Auftragnehmers verursacht sein. Nicht darunter fallen alle Fristüberschreitungen, deren Ursachen der Auftraggeber zu vertreten hat (z. B. erhebliche Mengenüberschreitungen und umfangreiche Nachträge) oder die aufgrund von Verzögerungen der Vorunternehmer entstehen.
HINWEIS: Gerät der Auftragnehmer in Zeitverzögerung, ohne dass er deren Ursache zu vertreten hat, sollte er unverzüglich schriftlich die *Behinderung* dem Auftraggeber mitteilen, um einen Anspruch auf Fristverlängerung zu erwirken. Hat sich die Bauzeit aufgrund einer Behinderung verlängert, bedarf es für den Verzug des Auftragnehmers immer einer Mahnung durch den Auftraggeber, es sei denn, es wurde ein neuer kalendermäßig festgelegter Termin, verbunden mit einer neuen Vertragsstrafe ausdrücklich vereinbart.

Häufig finden sich Regelungen zu Vertragsstrafen in den *Allgemeinen Geschäftsbedingungen* zu Bauverträgen (z. B. in den Zusätzlichen oder Besonderen Vertragsbedingungen). Diese unterliegen jedoch der Inhaltskontrolle des § 307 BGB. Aufgrund der bisherigen Rechtsprechung halten Vertragsstrafenregelungen einer Inhaltskontrolle nur stand, wenn sie

1. eine angemessene **Obergrenze** für die Gesamtstrafe enthalten (in der Regel maximal 5 % der Auftragssumme),
2. eine pro Zeiteinheit vertretbare **Vertragsstrafenhöhe** (maximal 0,3 % der Auftragssumme je Arbeitstag) ausweisen und
3. verdeutlichen, dass die Vertragsstrafe nur bei **schuldhaftem** Verhalten des Vertragspartners fällig wird.

Folgende AGB-Klausel ist daher unwirksam, weil sie verschuldensunabhängig formuliert ist:
»Bei Überschreitung der vereinbarten Ausführungsfrist ist der Auftraggeber berechtigt, 0,2 % der Abrechnungssumme je Werktag, jedoch höchstens 5 % der Auftragssumme als Vertragsstrafe zu verlangen.«

Wäre diese Vertragsstrafenregelung in AGB wirksam, müsste der Auftragnehmer (Handwerker) auch dann zahlen, wenn er die Verspätung gar nicht verursacht hat.
Vorsicht ist geboten bei Vertragsstrafenregelungen in nicht vorformulierten *Verhandlungsprotokollen*. Weil es sich hier um *Individualvereinbarungen* handeln

kann, sind auch verschuldensunabhängige Vereinbarungen und höhere Vertragsstrafen rechtswirksam.
Der Auftraggeber muss sich in **BGB**- und **VOB**-Verträgen seinen Anspruch auf die Vertragsstrafe spätestens bei der Abnahme vorbehalten, um ihn nicht zu verlieren (§341 Abs. 3 BGB und §11 Abs. 4 VOB/B). Er kann ihn nicht einfach bei der Schlusszahlung einbehalten. Bei der förmlichen Abnahme muss er also im Abnahmeprotokoll enthalten sein.

II. Erfolgskontrolle

1. Nachkalkulation

a) Grundsätzliches

Die objektbezogene Kontrollrechnung ist ein zentrales Controllinginstrument im Bauhandwerk. Zu unterscheiden sind *Zwischenkalkulationen* als Instrumente der Baustellensteuerung und *Nachkalkulationen* als Voraussetzungen für die Auswertung der Aufträge nach ihrem Abschluss. Die Ergebnisse der Nachkalkulation bilden dann die Voraussetzung für die Analyse der Kunden und Aufträge im Hinblick auf ihre wirtschaftliche Bedeutung für das Unternehmen. Durch den Vergleich von Ist-Werten mit Plan- oder Durchschnittszahlen wird die Nachkalkulation zu einem unverzichtbaren Werkzeug für den Unternehmer.
Für eine aussagefähige Kontrollrechnung benötigt man in der Regel die ausgeführten Massen, die geleisteten Arbeitsstunden und den Materialverbrauch je Objekt bzw. Auftrag. Im Einzelfall sind diese Daten durch Sondereinzelkosten und Fremdrechnungen für Nachunternehmerleistungen zu ergänzen. Grundsätzlich gilt: Je differenziertere Informationen von Nachkalkulationen erwartet werden, umso detailliertere Zeit- und Mengenerfassungen sind notwendig. Manche Betriebe arbeiten deshalb mit elektronischen Systemen, die auch einzelne Leistungen zeitmäßig exakt erfassen können. Die gewonnenen Daten stehen für die Lohnabrechnung und für betriebswirtschaftliche Auswertungen zur Verfügung.
Nachkalkulationen setzen die Kenntnis des betriebsindividuellen Gemeinkostensatzes voraus. Angenommene Werte führen normalerweise zu völlig unzureichenden Ergebnissen. Nicht selten werden dadurch sogar falsche unternehmerische Entscheidungen getroffen. Es ist daher dringend zu raten, zumindest den lohnabhängigen Gemeinkostensatz auf Vollkostenbasis zu ermitteln oder

ermitteln zu lassen, weil sonst alle Berechnungen der Nachkalkulation (und Vorkalkulation) zu unrealistischen Werten führen. Zusätzliche Auswertungsmöglichkeiten liefert eine Kostenrechnung auf der Basis von Teilkosten (Deckungsbeitragsrechnung).

b) Nachkalkulation zum Auftrag 4711

Bei der Auswertung der Wochenzettel wurden für den Auftrag 4711 folgende Arbeitszeiten und **direkt verrechenbare Löhne** ermittelt:

Vorarbeiter Müller	112 Std.	zu	18,00 €/Std.	= 2.016,00 €
Geselle Lottner	120 Std.	zu	16,80 €/Std.	= 2.016,00 €
Geselle Kohler	104 Std.	zu	15,00 €/Std.	= 1.560,00 €
Zeitaufwand:	**336 Std.**	**Direkt verrechenbare Löhne:**		**5.592,00 €**

Der **Abrechnung** liegen folgende Massen und Einheitspreise zu Grunde:

Pos. 1:	Abdecken	pauschal			995,00 €
Pos. 2:	Gerüst	655 m²	zu	6,40 €/m²	= 4.192,00 €
Pos. 3:	Reinigung	588 m²	zu	2,25 €/m²	= 1.323,00 €
Pos. 4:	Grundieren	588 m²	zu	4,00 €/m²	= 2.352,00 €
Pos. 5:	Silikonharz	588 m²	zu	12,75 €/m²	= 7.497,00 €
Pos. 6:	Fenster Vorarbeiten	265 m²	zu	4,00 €/m²	= 1.060,00 €
Pos. 7:	Fenster Anstrich	265 m²	zu	25,00 €/m²	= 6.625,00 €
Pos. 8:	Dachgesims Vorarbeiten	95 m²	zu	3,40 €/m²	= 323,00 €
Pos. 9:	Dachgesims Lasur	95 m²	zu	11,60 €/m²	= 1.102,00 €
Pos.10:	Balkongeländer	390 m	zu	5,80 €/m	= 2.262,00 €
Nettoerlös					**27.731,00 €**

Die **Materialkosten** (Werkstoffkosten) ergeben sich aus der ergänzten Liste »Materialzusammenstellung«:

MATERIALZUSAMMENSTELLUNG								
Auftrag: 4711		Bauvorhaben:					Datum:	
Produkt	**Artikel-Nr. Farbton**	**Massen**	**Verbrauch geplant**	**Gebinde**	**Verbrauch tatsächlich**	**Bemerkung Hersteller**	**Preise**	**Kosten**
Abdecktücher/Vlies			ca. 60 m²			Lager		
Abdeckfolie			5 Rollen		4 Rollen	Lager	25,00 €	**100,00 €**
Klebeband/Abroller			20 Rollen		18 Rollen	Lager	7,50 €	**135,00 €**
Grundiermittel		580 m²	100,0 l	10,0 l	90,0 l	*Baustelle*	5,00 €/l	**450,00 €**

Siliconharz-Fassadenfarbe		580 m²	250,0 l	12,5 l	250,0 l	*Baustelle*	8,80 €/l	**2.200,00 €**
Acryllack, weiß		250 m²	40,0 l	2,5 l	40,0 l	*Baustelle*	18,00 €/l	**720,00 €**
Holzlasur		100 m²	17,5 l	2,5 l	17,5 l	Lager	14,00 €/l	**245,00 €**
Kunstharzlack SikaCor	RAL 5012	375 m	18,0 l	3,0 l	18,0 l	Lager	20,00 €/l	**360,00 €**
								4.210,00 €

Bei den Fahrtkosten und dem Mehraufwand für Nahentsendung handelt es sich um **Sondereinzelkosten** für den konkreten Auftrag 4711:

Fahrtkosten Firmenfahrzeug:	15 Tage x 70 km x 0,50 €/km	= 525,00 €
Nahentsendung:	15 Tage x 1 Geselle x 4,09 €/Tag	= 61,35 €
Nahentsendung:	14 Tage x 1 Geselle x 4,09 €/Tag	= 57,26 €
Nahentsendung:	13 Tage x 1 Geselle x 4,09 €/Tag	= 53,17 €
Gesamtsumme		**696,78 €**

Liegen die Erlöse und die Kosten vor, kann der **Erfolg** des Auftrags 4711 ermittelt werden:

Nettoerlös	27.731,00 €
– 2 % Skonto (Erlösschmälerung)	554,62 €
Betriebsleistung	27.176,38 €
abzüglich	
– Nachunternehmerleistungen (tatsächliche Kosten für das Gerüst)	3.900,00 €
– 5 % Gemeinkostenzuschlag für Nachunternehmer	195,00 €
Eigenleistung (Eigenerlös)	23.081,38 €
abzüglich	
– direkt verrechenbare Lohnkosten	5.592,00 €
– 180 % lohnabhängige Gemeinkosten (ohne variable Fahrkosten)	10.065,60 €
– Werkstoffkosten laut Materialzusammenstellung	4.210,00 €
– Sondereinzelkosten (variable Fahrtkosten und Mehraufwandsvergütung)	696,78 €
Ergebnis	**2.517,00 €**
Ergebnis in % zur Betriebsleistung	**9,26 %**
Ergebnis in % zur Eigenleistung	**10,90 %**
Ergebnis in % zu den Selbstkosten	**12,12 %**

Der geplante Gewinnzuschlag von 10 % auf die kalkulierten Selbstkosten konnte bei diesem Auftrag übertroffen werden. Dies ist vor allem auf die Unterschreitung der Vorgabezeit um etwa 16 Stunden zurückzuführen.

Neben der Ergebnisfeststellung lassen sich weitere **Auswertungen und Berechnungen** vornehmen. Dies sind beispielsweise:

Eigenleistung je Stunde $= \dfrac{23.081{,}38\ €}{336\ \text{Std}} = \mathbf{68{,}69\ €/Std.}$

Wertschöpfung je Stunde =

Eigenleistung	23.081,38 €
– Werkstoffkosten	4.210,00 €
Wertschöpfung	18.871,38 €

Wertschöpfung je Std. $= \dfrac{18.871{,}38\ €}{336\ \text{Std}} = \mathbf{56{,}16\ €/Std.}$

Werkstoffanteil in % zur Eigenleistung $= \dfrac{4.210{,}00\ € \times 100}{23.081{,}38\ €} = \mathbf{18{,}24\ \%}$

Um differenziertere Informationen als verlässliche Datenbasis für zukünftige Planungen und Entscheidungen zu gewinnen, ist jedoch die Erfassung des Zeit- und Materialaufwands für einzelne Positionen oder für bestimmte Leistungspakete erforderlich.

Ist aufgrund einer *Deckungsbeitragsrechnung* der Prozentsatz für die leistungsabhängigen Gemeinkosten bekannt (hier 92 %), lässt sich der Beitrag dieses Auftrages zur Deckung der Fixkosten wie folgt ermitteln:

Eigenleistung (Eigenerlös)	23.081,38 €
abzüglich	
– direkt verrechenbare Lohnkosten	5.592,00 €
– 92 % leistungsabhängige Gemeinkosten	5.144,64 €
– Werkstoffkosten	4.210,00 €
– Sondereinzelkosten (Fahrtkosten und Mehraufwandsvergütung)	696,78 €
Deckungsbeitrag	**7.437,96 €**

Deckungsbeitrag je Stunde $= \dfrac{7.437{,}96\ €}{336\ \text{Std}} = \mathbf{22{,}14\ €/Std.}$

Ein Vergleich dieser Kennzahl mit denen anderer Aufträge und mit Durchschnittswerten gibt Hinweise auf die Effizienz der erbrachten Leistungen. Werden alle Aufträge für einen bestimmten Zeitraum nach Kunden und/oder Tätigkeitsbereichen sortiert, können Rückschlüsse für die strategische Ausrichtung des Unternehmens gewonnen werden.
Nachkalkulationen sind heute meist Bestandteil von Branchenprogrammen. Der Anwender hat dann aber wenig Einfluss auf die Art der Auswertung und die ermittelten Kennzahlen. Zur Auswertung eignen sich daher auch Tabellenkalkulationsprogramme, weil diese sich besser an die betriebsindividuellen Bedürfnisse anpassen lassen. Eine Basis-Datei im Excel-Format steht als **Download** zur Verfügung.

2. Qualitätssicherung

Im Prozess der Auftragsabwicklung versteht man unter Qualitätsmanagement die Gesamtheit aller qualitätsbezogenen Tätigkeiten und Zielsetzungen von der Auftragsgewinnung bis zum Auftragsabschluss. Ein wesentlicher Teilaspekt ist die Qualitätssicherung nach Abschluss eines Auftrages. Dazu gehören die Analyse des Auftrages, die Messung der Kundenzufriedenheit, das Verhalten bei Reklamationen und die Maßnahmen der Nachbetreuung.

a) Auftragsanalyse

Die aufgrund der Zwischen- und Nachkalkulation gewonnenen Informationen und Kennzahlen bilden die Voraussetzung für weitergehende Analysen. Beim Vergleich von Ist-Werten mit Plandaten sind insbesondere bei signifikanten negativen Abweichungen differenziertere Untersuchungen der Schwachstellen erforderlich. Die Ursachenanalyse ist als Vergangenheitsbetrachtung aber nicht Selbstzweck, sondern die Basis für die effizientere Vorbereitung und Abwicklung zukünftiger Projekte.
Als Hilfsmittel zur Analyse von Aufträgen steht als **Download** eine zweiseitige Checkliste mit den Kategorien »Auftragsvorbereitung«, »Ablauforganisation«, »Personaleinsatz«, »Ausführung« und »Sonstiges« zur Verfügung. Einen Ausschnitt zeigt die Abbildung auf Seite 167.
Bei größeren Aufträgen müssen natürlich nicht erst nach Auftragsabschluss, sondern bereits während der Auftragsausführung Abweichungen von der Planung analysiert und entsprechende Konsequenzen gezogen bzw. Maßnahmen eingeleitet werden.

Auftragsanalyse		
Auftraggeber/Baustelle/Auftrag		**Datum:**
		Auftragsnummer:
		Baustellenleiter:
Schwachstellen	**Kurzbeschreibung**	**Konsequenzen**
Auftragsvorbereitung		
Mangelhafte Planung (allgemein)		
Unvollständiges Leistungsverzeichnis		
Unzureichende Wegbeschreibung		
Unzureichende Angaben zur Baustelle		
Unzureichende Arbeitsbeschreibung		
Unzureichende Materialplanung		
Keine/falsche Zeitvorgaben		
Keine/unrealistische Ablaufplanung		

b) Kundenbefragung

Der zukünftige Erfolg eines Unternehmens wird wesentlich durch zufriedene Kunden bestimmt, weil sie die besten Multiplikatoren im Positiven wie im Negativen sind. Ist aber die Kundenzufriedenheit der entscheidende Faktor für den zukünftigen Unternehmenserfolg, dann muss der Quantifizierung dieses Erfolgsfaktors hohe Bedeutung zukommen. Andere Branchen, wie beispielsweise das KFZ-Gewerbe, haben dies erkannt und führen inzwischen systematisch Kundenbefragungen durch. Um die Kundenzufriedenheit einigermaßen objektiv messen zu können, eignet sich am besten ein Fragebogen, der nach Auftragsabschluss vom Kunden bzw. der Kundin ausgefüllt wird. Dieser Fragebogen kann den Rechnungen beigelegt oder nach Abschluss der Arbeiten übergeben werden. Eine begrenzte Anzahl von kurzen und eindeutig gestellten Fragen, verbunden mit einem frankierten Rückkuvert, eventuell verbunden mit einem Gewinnspiel oder einem Gutschein für künftige Aufträge, ist die Voraussetzung für eine hohe Rücklaufquote. Meldet sich der Kunde trotzdem nicht, sollte der Unternehmer bzw. die zuständige Führungskraft selbst telefonisch nachfragen. Einige Handwerker verzichten auch gleich auf die schriftliche Befragung und greifen persönlich zum Telefonhörer. Allerdings besteht dabei die Gefahr, dass die Fragen nicht immer ehrlich beantwortet werden. Bei einigen Zielgruppen wird dagegen die Online-Befragung am ehesten zum Erfolg führen. Kundenbefragungen über E-Mail sind heute üblich und könnten auch vom Handwerk noch konsequenter genutzt werden.

Um Trends frühzeitig zu erkennen, reichen standardisierte Befragungen nicht aus. Marketingexperten empfehlen hier das persönliche Gespräch mit speziell ausgewählten Kunden. Da dies sehr zeitintensiv ist, können auch mehrere Kunden zu einem Gespräch im Rahmen einer Präsentation neuer Oberflächen oder neuer Tapetenkollektionen gemeinsam als Trendsetter fungieren.
Grundsätzlich gilt für alle Befragungen, dass die Mitarbeiter einzubeziehen sind, da deren Verhalten vor Ort wesentlich die Kundenzufriedenheit bestimmt. Für den Erfolg einer Kundenbefragung ist schließlich entscheidend, dass die Auswertung sehr schnell erfolgt und mit den betroffenen Mitarbeitern sofort besprochen wird.
Das folgende Beispiel zur Messung der Kundenzufriedenheit soll zeigen, wie ein solcher Fragebogen aufgebaut sein kann. Er steht auch als **Download** zur Verfügung und sollte für die betrieblichen Bedürfnisse und Zielgruppen entsprechend angepasst werden.

Guten Tag/Sehr geehrte/r Frau/Herr/Eheleute ....,
(gewünschte Anrede auswählen)

Ihr .... ist nun fertiggestellt.
Bei der Ausführung der Arbeiten haben wir Ihre Vorstellungen und Wünsche berücksichtigt. Um Sie in Zukunft noch besser und individueller bedienen zu können, bitten wir Sie um die Beantwortung folgender Fragen. Ihr Urteil ist uns wichtig.
Ein frankiertes Rückkuvert liegt bei.
Bewerten Sie uns, indem Sie einfach einen Wert zwischen 1 und 6 ankreuzen.

	sehr gut					ungenügend
1. Wie waren Sie mit der Betreuung vor Auftragserteilung zufrieden?	1	2	3	4	5	6
2. Wie waren Sie mit der Qualität der Arbeit zufrieden?	1	2	3	4	5	6
3. Waren unsere Mitarbeiter/innen höflich und freundlich?	1	2	3	4	5	6
4. Wurden die vereinbarten Termine eingehalten?	1	2	3	4	5	6
5. War unsere Organisation vor Ort flexibel?	1	2	3	4	5	6
6. Wurden Ihre speziellen Wünsche berücksichtigt?	1	2	3	4	5	6
7. Wurden die Arbeiten nach Abschluss mit Ihnen besprochen?	1	2	3	4	5	6
8. Wurden Reklamationen schnell und zufriedenstellend erledigt?	1	2	3	4	5	6
9. War die Rechnung übersichtlich und nachvollziehbar?	1	2	3	4	5	6
10. Wie beurteilen Sie das Preis-Leistungs-Verhältnis?	1	2	3	4	5	6

Welche Leistungen sind für Sie zukünftig von Bedeutung?

....

....

Vielen Dank, dass Sie sich für uns einen Augenblick Zeit genommen haben. Wir möchten auch in Zukunft **Ihr** Partner für Maler- und Lackierarbeiten sein.

Mit farbigen Grüßen

Wer Kundenbefragungen lieber anonym und mit professioneller Unterstützung durchführen will, der kann sich am qih-Verfahren beteiligen. Der Kunde bewertet nach Erhalt der Rechnung die Leistungen seines Handwerkers. Die Bewertung wird direkt auf einer Postkarte an die **qih**-Fördergesellschaft (nicht an den Handwerksbetrieb) versandt oder online abgegeben. Der teilnehmende Handwerksbetrieb (nur Innungsfachbetriebe) kann jederzeit online die Bewertungen seiner Kunden einsehen. Sind die Kunden dauerhaft zufrieden, wird ein Qualitätssiegel verliehen, mit dem auch geworben werden darf.
Bei regelmäßiger Erfassung und Auswertung der Kundenzufriedenheit ist das Unternehmen in der Lage, Schwachstellen zu erkennen und die betrieblichen Ressourcen auf die Aspekte zu konzentrieren, die die Kundenzufriedenheit auch tatsächlich positiv beeinflussen. Gleichzeitig sind regelmäßige Informationen über die Kundenzufriedenheit ein hervorragendes Instrument, um Risiken auf der Kundenseite rechtzeitig zu erkennen.
Weil gerade die Meinung der Stammkunden für ein Unternehmen so wichtig ist, sollten diese in bestimmten Abständen zusätzlich befragt werden. Dabei geht es nicht nur um die Zufriedenheit mit den bisherigen Leistungen und das Image des Unternehmens, sondern auch um die zukünftigen Bedürfnisse der Kunden. Erfolgt diese Befragung telefonisch, besteht gleichzeitig die Chance, mit den Kunden wieder neu ins Gespräch zu kommen und so die Kundenbindung zu vertiefen.

c) Reklamationsmanagement

Eine der wichtigsten Voraussetzungen für Kundenzufriedenheit und Kundenbindung ist der professionelle Umgang mit *Reklamationen*. Tatsache ist aber, dass Reklamationen oder Beschwerden von Kunden bei den meisten Handwerkern zunächst negative Gefühle auslösen. Nicht selten sind deshalb auch die ersten Reaktionen eher spontan; man versucht, das Problem zu bagatellisieren, sich zu verteidigen oder gar dem Kunden zu widersprechen. Modernes Beschwerdemanagement dagegen begreift Reklamationen als Chance in mehrfacher Hinsicht:

- Reklamationen sind eine (neue) Möglichkeit, um mit dem Kunden ins Gespräch zu kommen und aus einem unzufriedenen Kunden einen zufriedenen zu machen.
- Unmittelbar nach einer Reklamation ist der Schaden häufig begrenzbar, wenn sofort Gegenmaßnahmen eingeleitet werden.
- Reklamationen decken handwerkliche, organisatorische oder menschliche Schwachstellen im Betrieb auf. Ihre Beseitigung erfordert zwar Energie und Innovationskraft, ist aber unabdingbare Voraussetzung für den zukünftigen Erfolg.
- Besser durch eine Reklamationsbearbeitung Geld verlieren als einen Stammkunden.

Zum professionellen *Reklamationsmanagement* gehören einige elementare Verhaltensweisen:

- Geben Sie dem Kunden die Gelegenheit, den Sachverhalt zu schildern und im Zweifel auch »Dampf abzulassen«. Der Kunde braucht in der ersten Phase eher die Bestätigung seiner Enttäuschung und des Ärgers (»Ich kann ihren Ärger verstehen.«) als den Widerspruch (»Das kann nicht sein!«). In den meisten Fällen ist geduldiges Zuhören und Schweigen die beste Methode, um verärgerte Kunden zu beruhigen.
- Versuchen Sie, die eigentliche Ursache der Reklamation herauszufinden (»Was genau entspricht nicht ihren Vorstellungen? Wie ist es dazu gekommen?«). Oft geht es nicht allein um den konkreten Sachmangel, sondern um das Verhalten der Mitarbeiter oder Begleitumstände der Auftragsabwicklung.
- Vermitteln Sie dem Kunden das Gefühl, dass sein Problem verstanden wurde und auch Sie an einer schnellen Lösung interessiert sind. Dies kann z. B. dadurch geschehen, dass Sie die nächsten Schritte aufzeigen oder einfach kundtun: »Das kann ich gut verstehen!«.
- Machen Sie sich Notizen zum Sachverhalt. Signalisieren Sie dies dem Kunden auch am Telefon. Dies schafft Vertrauen und zeigt, dass Sie sein Anliegen ernst nehmen.

- Vereinbaren Sie falls notwendig einen Ortstermin, um den Sachverhalt am Objekt zu klären.
- Differenzieren Sie zwischen berechtigten oder zumindest teilweise berechtigten Reklamationen einerseits und solchen, mit denen es der Kunde nur auf einen Abzug wegen »Mängeln« abgesehen hat. Im letzteren Fall ist eine lückenlose, beweiskräftige Dokumentation für mögliche rechtliche Auseinandersetzungen erforderlich. Außerdem kann es ratsam sein, einen Sachverständigen hinzuzuziehen.
- Handelt es sich um offensichtliche Fehler, dann übernehmen Sie auch die Verantwortung. Erläutern Sie die Problemlage sachlich und machen Sie Lösungsvorschläge. In bestimmten Situationen ist es sogar psychologisch geschickt, den Kunden selbst aufzufordern, Vorschläge zur Beseitigung seiner Unzufriedenheit zu äußern.
- Beseitigen Sie bei wichtigen Kunden kleinere Mängel auch mal dann, wenn der Verursacher nicht eindeutig auszumachen ist. Dies schafft beim Kunden Vertrauen und stärkt das Gefühl auch nach Vertragsabschluss, den richtigen Handwerker beauftragt zu haben.
- Führen Sie mit den Verursachern von Mängeln und Beschwerden Gespräche und binden Sie diese in die Problemlösungen ein. Die Mitarbeiter/innen müssen wissen, dass Ihr Verhalten über die Kundenzufriedenheit und damit über zukünftige Aufträge entscheidet.
- Schreiben Sie in besonderen Fällen einen persönlichen Brief an den Kunden und/oder überraschen Sie ihn mit einem kleinen Geschenk.
- Fragen Sie im Anschluss an die Reklamationsbearbeitung nach, ob alles in Ordnung ist. Lassen Sie sich das in bestimmten Fällen auch schriftlich bestätigen (Hinweis: die Verjährungsfrist für Mangelbeseitigungsleistungen beginnt ab deren Abnahme!).
- Halten Sie den Reklamationsvorgang mit allen relevanten Daten in einer Checkliste oder einem Formular fest. Legen Sie ein Exemplar dieses Dokuments der Kundendatei bei und sammeln Sie ein zweites Exemplar in einem eigenen Reklamationsordner (in Papierform oder digital) und werten Sie diesen in bestimmten Abständen aus. Neben fachlichen Schwachstellen sind vor allem Fragen rund um den Service und das Mitarbeiterverhalten von Bedeutung. Ergreifen Sie bei wiederkehrenden Reklamationen die entsprechenden Maßnahmen.
- Schulen Sie Ihre Mitarbeiter/innen, wie sie sich bei Reklamationen zu verhalten haben.

Weil enttäuschte und unzufriedene Kunden einen erheblichen Imageverlust verursachen, ist professionelles Reklamationsmanagement wichtig für den Gesamterfolg des Unternehmens. Die Reklamationsabwicklung ist vielleicht für längere Zeit der letzte Kontakt mit dem Kunden. Gelingt es jetzt, den Kunden zufriedenzustellen, dann ist die Basis für eine längerfristige Kundenbindung hergestellt.

Vorsicht ist geboten bei **Mängelrügen** für Leistungen, deren Abnahme schon geraume Zeit zurückliegt. Die Anerkenntnis eines Mangels während der Gewährleistungsfrist führt nämlich zu deren Verlängerung (vgl. S. 154). Zu vermeiden sind daher Sätze wie »Natürlich werden wir den Mangel beseitigen«, »Da haben wir einen Fehler gemacht«. Vereinbaren Sie einen Ortstermin und besprechen Sie das weitere Vorgehen mit dem Kunden erst nach eingehender Besichtigung.

d) Auftragsnachbetreuung

Mit der Kundenbefragung nach Abschluss des Auftrages und einem professionellen Reklamationsmanagement sind wir bereits bei der Auftragsnachbetreuung. Aber auch dort, wo keine Kundenbefragung stattgefunden hat oder es keine Reklamationen gab (dies sollte ja die Regel sein), ist die Nachbetreuung ein wichtiger Baustein für die Kundenzufriedenheit. Die Möglichkeiten zur Nachbetreuung sind vielfältig. Manche Unternehmer überreichen (Privat-) Kunden bei der Übergabe der Rechnung oder nach deren Bezahlung einen Blumenstrauß oder ein anderes Präsent. Andere verschicken zusätzlich handgeschriebene Weihnachtskarten bzw. Geburtstagskarten oder laden gezielt zu bestimmten Ausstellungen, Vernissagen oder zu einem Tag der offenen Tür ein. Stammkunden können auch per E-Mail oder Rundbrief auf neue Kollektionen oder Oberflächen hingewiesen werden. Wichtig ist, dass man beim Kunden im Gespräch bleibt und in unserer schnelllebigen, reizüberfluteten Zeit immer wieder Präsenz zeigt.

Haben Sie bei der Auftragsabwicklung nicht einfach nur den Erwartungen des Kunden entsprochen, sondern ist er mit Ihrer Arbeit hochzufrieden oder sogar begeistert, ist es legitim, dies für Weiterempfehlungen zu nutzen. Dies sollte durchaus im konkreten Gespräch geschehen (»Gibt es in Ihrem Bekanntenkreis jemand, der eine ähnliche Dienstleistung benötigt und dem Sie mich weiterempfehlen können?«) und nicht nur im Rahmen einer anonymen Befragung. Dabei kommt Ihnen natürlich die Psychologie zu Hilfe. Denn der Sie weiterempfehlende Kunde hat meist ein positives Gefühl oder ist vielleicht sogar stolz darauf, einem Freund oder Bekannten einen guten Tipp zu geben.

Längst sind wir wieder am Ausgangspunkt unserer Überlegungen zur professionellen Auftragsabwicklung angelangt – bei der Kundenorientierung. Sie ist der Schlüssel zum Erfolg beim Kunden und damit zur langfristigen Sicherung des Unternehmens. Denken Sie daran, dass gerade für den Auftragsabschluss und die Nachbetreuung in Abwandlung einer alten Fußballweisheit gilt: Nach dem Auftrag ist immer vor dem Auftrag.

Literatur

DIN Deutsches Institut für Normung e. V. (Hg.): VOB – Vergabe- und Vertragsordnung für Bauleistungen. Ausgabe 2016. Beuth Verlag: Berlin/Wien/Zürich

Frikell, Eckhard und Hofmann, Olaf: Baurechts-Report. Aktuelle Baurechtsinformationen für die Praktiker am Bau. Loseblattausgabe. Verlag Ernst Vögel: Stamsried

Grundlagen der Preisberechnung im Maler- und Lackiererhandwerk. (Hg.) Bundesverband Farbe Gestaltung Bautenschutz. DVA: München 2017

Heiermann, Wolfgang, u. a.: Handkommentar zur VOB, VOB Teile A und B, VSVgV, Rechtsschutz im Vergabeverfahren. 14. Auflage. Springer Viehweg: Wiesbaden 2017

Ingenstau/Korbion, herausgegeben von Prof. Stefan Leupertz und Dr. Mark Wietersheim: VOB Teile A und B, Kommentar. 20. Auflage. Werner Verlag: Köln 2017

Fiedler, Markus: BGB und VOB für Handwerker und Bauunternehmer. Loseblattausgabe. WEKA Media GmbH Co. KG: Augsburg

Schilling, Eberhard: Abrechnung und Aufmaß. Handbuch für Maler und Lackierer. DVA: München 2017

Schilling, Eberhard: Controlling für Handwerksunternehmen: verständlich, praktisch, strategisch. Stuttgart 2017 (zu beziehen über www.malerblatt-medienservice.de)

Stichwortverzeichnis

Übersicht über die per Download erhältlichen Dateien

Sachverhalt	Dateiname
Baustellenformulare	
Formular Baustelleninfo für Vorarbeiter/Checkliste	B1_Baustelleninfo.xls
Formular Materialzusammenstellung	B2_Materialliste.xls
Formular Arbeitsablaufplanung mit Vorgabezeiten	B3_Ablaufplanung.xls
Formular Bedenkenanmeldung (BGB)	B4_Bedenken-BGB.xls
Formular Bedenkenanmeldung (VOB)	B5_Bedenken-VOB.xls
Formular Behinderungsanzeige	B6_Behinderung.xls
Formular Stundenlohnarbeiten (Rapport/Regiebericht)	B7_Rapport.xls
Formular Zusatzauftrag/Auftragsbestätigung (Auftraggeber)	B8_Zusatzauftrag-Auftraggeber.xls
Formular Abnahmeprotokoll	B9_Abnahmeprotokoll.xls
Formular Nachabnahmeprotokoll	B10_Nachabnahme.xls
Formular Material-/Gerätebestellschein	B11_Material-Geräteschein.xls
Formular Baustellengesprächsnotiz	B12_Baunotiz.xls
Formulare Aufmaß (Spalten- und Klammeraufmaß)	B13_Aufmaß.xls
Formular Bautagebuch	B14_Bautagebuch.xls
Formular Wochenzettel/Wochenbericht	B15_Wochenzettel
Formular Stundenerfassung	B16_Stundenerfassung
Checklisten und Fragebogen	
Checklisten für Innenarbeiten	C1_InnenCheck.xls
Checklisten für Außenarbeiten	C2_AußenCheck.xls
Checkliste Vertragsverhandlung	C3_VertragsCheck.xls
Checkliste Stärken-Schwächen	C4_Stärken-Schwächen.xls
Checkliste Wettbewerbsanalyse	C5_Wettbewerbsanalyse.xls
Kundenfragebogen	C6_Kundenbefragung.doc

Sachverhalt	Dateiname
Kalkulationshilfen	
Berechnungs- und Druckformular Vorkalkulation	K1_VK-Formular.xls
Baustellenübersicht	K2_Baustellenübersicht.xls
Nachkalkulation	K3_Nachkalkulation.xls
Formular Auftragsanalyse	K4_Auftragsanalyse.xls
Musterbriefe	
Vereinbarung zur Architektenvollmacht	M1_Vollmacht.doc
Auftragsbestätigung (Bauleiterauftrag)	M2_Zusatzauftrag-Bauleiter.doc
Auftragsbestätigung (BGB)	M3_Auftragsbestätigung
Verlangen einer Sicherheit nach § 650f BGB	M4_Sicherheit650f.doc
Anzeige Arbeitseinstellung/Behinderung § 650f BGB	M5_Arbeitseinstellung650f.doc
Nachfristsetzung bei AZ mit Arbeitseinstellung (VOB)	M6_AZ-Nachfrist.doc
Nachfristsetzung Schlusszahlung (VOB)	M7_SZ-Nachfrist.doc
Abnahmeverlangen (Verbraucher)	M8_Abnahmeverlangen(Verbraucher).doc
Abnahmeverlangen (BGB)	M9_Abnahmeverlangen(BGB).doc
Abnahmeverlangen (VOB)	M10_Abnahmeverlangen(VOB).doc
Abnahmewirkung wegen Fristablauf § 640 BGB	M11_Abnahmewirkung(BGB).doc
Unberechtigte Mängel und Kostenübernahme	M12_Unberechtigte Mängel.doc

HINWEIS:
Zum Download gelangen Sie über den QR-Code oder über: www.dva.de/schilling_zusatzmaterial

Die Inhalte des Downloads sind nach bestem Wissen und Gewissen und gründlicher Recherche entstanden. Für eventuelle Fehler übernehmen weder der Autor noch der Verlag die rechtliche Verantwortung.

Weitere Titel aus dem Programm der DVA für Maler und Lackierer

Eberhard Schilling
Abrechnung und Aufmaß
Handbuch für Maler und Lackierer

168 Seiten
978-3-421-04133-3

Das bewährte Handbuch für Unterricht und Praxis behandelt und erläutert ausführlich die Aufmaß- und Abrechnungsprobleme der ATV DIN 18363 in der neuesten Fassung. Darüber hinausgehend gibt es Auskunft zu den Abrechnungsfragen folgender Vorschriften: DIN 18366 Tapezierarbeiten, DIN 18345 Wärmedämm-Verbundsysteme, DIN 18340 Trockenbauarbeiten, DIN 18350 Putz- und Stuckarbeiten, DIN 18349 Betonerhaltungsarbeiten, DIN 18364 Korrosionsschutzarbeiten an Stahl- und Aluminiumbauten, DIN 18365 Bodenbelagarbeiten, DIN 18451 Gerüstarbeiten.

Michael Bablick, Miriam Maier
1100 Prüfungsfragen und Antworten

Das praxisorientierte Standardwerk zur Vorbereitung auf die Gesellen-, Meister- und Technikerprüfung im Maler und Lackiererhandwerk

368 Seiten
978-3-421-04046-6

»Lernen durch Verstehen« – unter diesem Leitgedanken steht auch die Neuausgabe der Sammlung prüfungsrelevanter Fragen und Antworten für die Gesellen- und Meisterprüfung im Maler- und Lackiererhandwerk. Die Gliederung und die Auswahl der Fragen sind den veränderten Anforderungen der Meisterprüfung angeglichen. Dabei legen die Autoren besonderen Wert auf die Handlungsorientierung auf der Grundlage der geltenden Gesetze, Vorschriften und Normen. Zahlreiche Bildbeispiele dienen der Veranschaulichung und dem besseren Verständnis.
Empfohlen vom Bundesverband Farbe Gestaltung Bautenschutz

Michael Bablick, Miriam Maier
1200 programmierte Prüfungsfragen

Das praxisorientierte Standardwerk zur Vorbereitung auf die Gesellen-, Meister- und Technikerprüfung Handbuch für Maler und Lackierer

eBook plus epub
978-3-641-10786-4

Die Beantwortung programmierter Prüfungsfragen erfordert besondere geistige Flexibilität. Um mit dieser Art der Fragestellung vertraut zu machen, haben Michael Bablick und Miriam Maier 1200 praxisrelevante Fragen und 6000 mögliche Antworten aus dem Bereich des Maler- und Lackiererhandwerks zusammengestellt, deren Bearbeitung optimal auf die Gesellen-, Meister- und Technikerprüfung vorbereitet.
Die interaktive E-Book-plus-Ausgabe bietet den Vorteil, das Wissen unmittelbar überprüfen zu können: Die Ergebnisse der gewählten Antworten lassen sich pro Unterkapitel beziehungsweise pro Hauptkapitel auswerten und vermitteln einen schnellen Eindruck vom Stand des eigenen Wissens.